海洋湍流并行大涡模拟入门与实践

李　爽　编著

ZHEJIANG UNIVERSITY PRESS
浙江大学出版社
·杭州·

图书在版编目(CIP)数据

海洋湍流并行大涡模拟入门与实践 / 李爽编著. —
杭州：浙江大学出版社，2022.5
ISBN 978-7-308-21680-7

Ⅰ. ①海… Ⅱ. ①李… Ⅲ. ①海洋湍流－数值模拟
Ⅳ. ①P731.26

中国版本图书馆 CIP 数据核字(2021)第 169550 号

海洋湍流并行大涡模拟入门与实践

HAIYANG TUANLIU BINGXING DAWO MONI RUMEN YU SHIJIAN

李　爽　编著

责任编辑	柯华杰
责任校对	沈巧华
封面设计	浙信文化
出版发行	浙江大学出版社
	（杭州市天目山路 148 号　邮政编码 310007）
	（网址：http://www.zjupress.com）
排　　版	杭州朝曦图文设计有限公司
印　　刷	杭州宏雅印刷有限公司
开　　本	787mm×1092mm　1/16
印　　张	9.25
字　　数	186 千
版 印 次	2022 年 5 月第 1 版　2022 年 5 月第 1 次印刷
书　　号	ISBN 978-7-308-21680-7
定　　价	30.00 元

浙江大学出版社市场运营中心联系方式：0571—88925591；http://zjdxcbs.tmall.com

编委会名单

李　爽　陆宗泽　仇　颖　阳德华
孙丹译　王者也　郁诚成　叶　灿
成泽毅　陈佳宁　高晓倩

序

　　海洋湍流问题是物理海洋学最古老、最艰难也是最美妙的未解谜团之一。获得 1923 年诺贝尔物理学奖的维尔纳·海森堡(Werner Heisenberg)曾问过两个问题:"什么是量子力学? 什么是湍流?"我们能轻易观察到海水中有序、可预测的涡旋、流动,却看不到紊乱、不规则的流动。它破坏海水的层化,造成流层间滑动混合,却带动着比层流更高效的能量、热量、质量的传递。于是,准确描述这种随机运动成了一代代海洋学研究者的追求。作为长期工作在海洋学领域的研究者和教育者,我一直密切关注并参与该问题的探索和推进。

　　经过数十年攻关,研究者们已经提出了由 N-S 方程控制的湍流半经验和统计理论,并且开始采用湍流参数化方案和数值模拟方法不断逼近非线性的湍流本质。目前,在我们的日常研究和业务应用中最常用的 3 种湍流数值模拟方法为:直接数值模拟(DNS)、雷诺平均 N-S 方程(RANS)、大涡数值模拟(LES)。其中,大涡模拟的方法问世较晚,并且该方法直接求解了空间过滤的 N-S 方程,将小尺度涡旋参数化,因此,其对于计算资源和工作量的要求比较低。在现今的物理海洋学研究中,尤其是在对于海洋混合层、近海区域、Langmuir 环流、海洋对流等课题的探索中,大涡模拟已经成为不可替代的重要研究手段。浙江大学李爽老师带领的团队在 LES 方法上的踏实耕耘和斐然成果,一再让我惊艳和欣喜。深刻地意识到数值模拟方法是加深湍流本质认识的最有效工具,扎实地集中力量研究适用于复杂流动的大涡模拟算法,以人才和科学的力量链接湍流理论和业务应用,这是中国的青年海洋学者该有的格局和气魄。

　　当李爽老师一再邀请我为本书作序时,除了这些青年科学家们珍贵的热忱,我来此姑妄言之的主要原因是这本书本身。我认为它已是当前对大涡模拟模型(PALM 4.0)阐述最为清晰、引导最为凝练、进展最为前沿的必读论著。本书共有 5 个部分,从 PALM 启动步骤和参数设置开始,第 1 章和第 2 章介绍湍流数值

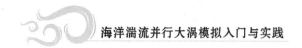

模拟方法和大涡模拟模型的前世今生,为读者奠定了理论基础,第3、4、5章则"手把手"带领读者安装、调试、运行模型,设置合理,深入浅出,简明易懂。其中,最吸引我的是第5章中为读者提供的6个紧密结合海洋科学关键课题的实例(海气耦合、Langmuir 环流、生物耦合、海底地形、岛屿尾流和对流不稳定问题)。学以致用,产研结合,这是一线教育者对学生的希冀。当我阅读第5章时,李爽老师的形象屡次跃然眼前。或许,她不再只是我在美国伍兹霍尔海洋研究所所识得的严谨的研究者,她现在更是学生口中可爱的"小爽老师"。

对于海洋湍流问题,我们都在探索的征途中。对于科学,我始终相信我们在接近所有问题的正确解答的道路上。但在求是道路上披荆斩棘,我们真当如浙大精神所说"海纳江河、启真厚德、开物前民、树我邦国",也似李爽老师写这本书时一般务求实学地做学问、不谋利不计功地来分享,我们便能够为祖国贡献一点力量,也更加靠近万物理论(Theory of Everything)。

这便是我拜读此书的一些感受,与君分享。

南京信息工程大学

董昌明

2021 年 6 月 26 日

南京龙王山下

前　言

著名计算机科学家图灵奖得主吉姆·格雷在他著名演讲"论 eScience：科学方法的一次革命"中将科学研究的范式分为四类：实验范式、理论范式、仿真范式和数据密集范式。本书对应的是第三范式。具体到物理海洋科学研究来说是利用数值计算方法求解纳维尔-斯托克斯（Navier-Stokes，N-S）问题。即便出于第四范式的大数据科学时代，纳维尔-斯托克斯问题仍然被列为 2021 年 *Science* 杂志公布的新版全世界最前沿的 125 个科学问题之一。

在物理海洋数值模拟方法中，最精确的是直接数值模拟，但计算资源要求较高，最常用的是雷诺平均方法，但精度有限。本书的湍流大涡模拟介于两种方法之间，是 N-S 方程空间平均后对可解尺度的精确求解，如本书中大部分算例分辨率为米级。湍流大涡模拟是大气海洋中湍流尺度的现象研究的前沿工具。

从 2008 年接触湍流大涡模拟的逐行代码，到 2015 年首次系统学习 PALM 的公开版本，在这期间我见证了大涡模拟的发展。直到现在，因学科交叉的海气耦合、生物物理耦合模式的发展需要，大涡模拟仍有很大进步空间。希望这本书能给你对大涡模拟的入门学习提供一点帮助，也希望越来越多的学者一起进一步研究并将它应用到我们的科学研究中。

本书是中国大学慕课"物理海洋基础"配套丛书系列之一，是数值模拟方法部分的参考书。秉承零基础入门理念和联通主义学习观，希望本书能给你学长带你入门的体验感。也请继续关注数据分析方法部分的配套参考书《物理海洋数据分析导读与练习》。希望我们的慕课和配套系列能让你了解、热爱物理海洋科学。

书中相关网址链接已经由作者和编辑确认可正常访问。后期如有网站内容变动、跳转或失效影响阅读的情况，读者可于中国大学慕课"物理海洋基础"开课期间在讨论区留言反馈。

非常感谢国家重点研究开发计划(编号：2017YFA0604100、2017YFA0604101、2016YFA0601803)、国家自然科学基金(编号：41876003、41706008、41706094)、南方海洋科学与工程广东实验室(珠海)创新团体项目(编号：311020004)对本书的大力支持。也非常荣幸能参加董昌明老师的重点研究计划，得到了董老师课题组的大力支持。湍流大涡模拟作为第一课题组的重要研究工具之一，希望为日后的海洋混合研究贡献一点力量。

衷心感谢浙江大学出版社柯华杰主任和沈巧华编辑的精心编校。

李　爽

2022 年 4 月

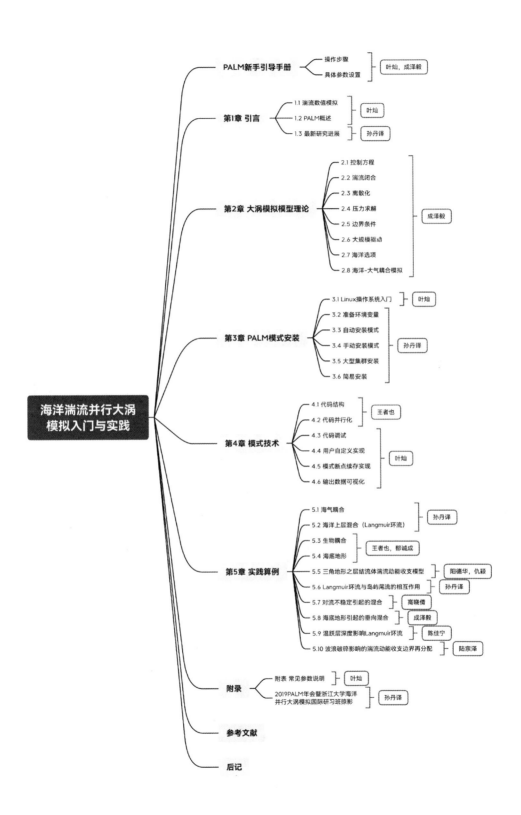

海洋湍流并行大涡模拟入门与实践

PALM新手引导手册
- 操作步骤
- 具体参数设置 ── 叶灿, 成泽毅

第1章 引言
- 1.1 湍流数值模拟
- 1.2 PALM概述 ── 叶灿
- 1.3 最新研究进展 ── 孙丹译

第2章 大涡模拟模型理论
- 2.1 控制方程
- 2.2 湍流闭合
- 2.3 离散化
- 2.4 压力求解
- 2.5 边界条件
- 2.6 大规模驱动
- 2.7 海洋选项
- 2.8 海洋-大气耦合模拟
── 成泽毅

第3章 PALM模式安装
- 3.1 Linux操作系统入门 ── 叶灿
- 3.2 准备环境变量
- 3.3 自动安装模式
- 3.4 手动安装模式
- 3.5 大型集群安装
- 3.6 简易安装
── 孙丹译

第4章 模式技术
- 4.1 代码结构
- 4.2 代码并行化 ── 王者也
- 4.3 代码调试
- 4.4 用户自定义实现
- 4.5 模式断点续存实现
- 4.6 输出数据可视化
── 叶灿

第5章 实践算例
- 5.1 海气耦合
- 5.2 海洋上层混合（Langmuir环流） ── 孙丹译
- 5.3 生物耦合
- 5.4 海底地形 ── 王者也, 郁诚成
- 5.5 三角地形之层结流体湍流动能收支模型 ── 阳德华, 仇颖
- 5.6 Langmuir环流与岛屿尾流的相互作用 ── 孙丹译
- 5.7 对流不稳定引起的混合 ── 高晓倩
- 5.8 海底地形引起的垂向混合 ── 成泽毅
- 5.9 温跃层深度影响Langmuir环流 ── 陈佳宁
- 5.10 波浪破碎影响的湍流动能收支边界再分配 ── 陆宗泽

附录
- 附表 常见参数说明 ── 叶灿
- 2019PALM年会暨浙江大学海洋并行大涡模拟国际研习班掠影 ── 孙丹译

参考文献

后记

目 录 Contents

PALM 新手引导手册

操作步骤

1. 在计算机 E 盘新建一个文件夹，命名为"集群"，将 WinSCP 文件夹即 PALM（parallelized large-eddy simulation model）的程序移动到这个文件夹中，如图 1 所示。左键双击应用程序"WinSCP"，出现登录界面，如图 2 所示，选择一个站点，左键单击登录即可进入模式（WinSCP 界面），系统自动弹出一个控制器窗口界面"putty"。

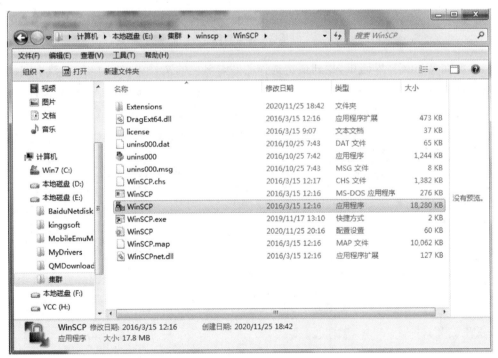

图 1　WinSCP 所在位置

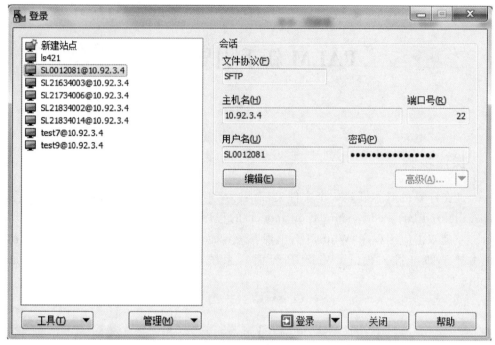

图 2　登录界面

2. 在 WinSCP 界面里,找到最初选择的站点名称的文件夹(如 SL0012081),左键双击进入,找到 palm 文件夹,进入后在 palm 文件夹里找到 current_version 文件夹,并在此文件夹里找到 JOBS 文件夹,左键双击进入,如图 3 所示。

图 3　JOBS 界面

3. 在 JOBS 里新建一个文件夹并命名(如 simple),如图 4 所示。在这个文件夹里新建一个 INPUT 的输入文件夹,如图 5 所示,并在 INPUT 文件夹里新建一个文件,文件的命名必须与 JOBS 下创建的文件夹相同(如 simple_p3d),否则会报错,如图 6 所示。

图 4　新建文件夹(如 simple)

图 5　INPUT 界面

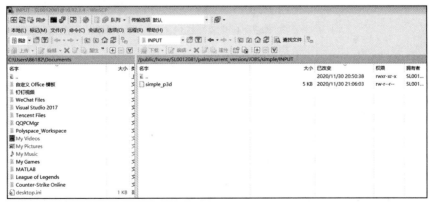

图 6　新建 p3d 文件

4. 在 INPUT 里面的新建文件中,编写自己所需要的程序,也可以复制以往的编写的程序粘贴到这里,按照自己的需求修改参数,图 7、图 8 和图 9 为示例 simple 的输入 p3d 文件的全部代码截图。

```
!-------------------------------------------------------------------
!-- INITIALIZATION PARAMETER NAMELIST
!   Documentation: https://palm.muk.uni-hannover.de/trac/wiki/doc/app/inipar
!-------------------------------------------------------------------
&initialization_parameters
!
!-- grid parameters
!-------------------------------------------------------------------
    nx                        = 39, ! Number of gridboxes in x-direction (nx+1)
    ny                        = 39, ! Number of gridboxes in y-direction (ny+1)
    nz                        = 40, ! Number of gridboxes in z-direction (nz)

    dx                        = 50.0, ! Size of single gridbox in x-direction
    dy                        = 50.0, ! Size of single gridbox in y-direction
    dz                        = 50.0, ! Size of single gridbox in z-direction

    dz_stretch_level          = 1200.0, ! Height (in m) where stretching starts
    dz_stretch_factor         = 1.08,   ! dz(k+1) = dz(k) * dz_stretch_factor
!
!-- initialization
!-------------------------------------------------------------------
    initializing_actions      = 'set_constant_profiles', ! initial conditions

    ug_surface                = 0.0, ! u-comp of geostrophic wind at surface
    vg_surface                = 0.0, ! v-comp of geostrophic wind at surface

    pt_surface                = 300 ,  ! initial surface potential temp
    pt_vertical_gradient      = 1 ,   ! piecewise temp gradients
    pt_vertical_gradient_level = 800 ,3000 ,  ! height level of temp gradients


!
!-- boundary conditions
!-------------------------------------------------------------------
    surface_heatflux          = 0.1 , ! sensible heat flux at the bottom surface
```

图 7   p3d 文件代码 1

```
/public/home/SL0012081/palm/current_version/JOBS/simple/INPUT/simple_p3d - SL0012081@10.92.3.4 - 编辑器 - WinSCP

!--------------------------------------------------------------------------------
    surface_heatflux            = 0.1 , ! sensible heat flux at the bottom surface
    bc_pt_b                     = 'neumann'   , ! required with surface_heatflux

!
!-- numerics
!--------------------------------------------------------------------------------
    fft_method                  = 'temperton-algorithm',   ! build-in fft method

/ ! end of initialization parameter namelist

!--------------------------------------------------------------------------------
!-- RUNTIME PARAMETER NAMELIST
!   Documentation: https://palm.muk.uni-hannover.de/trac/wiki/doc/app/d3par
!--------------------------------------------------------------------------------
&runtime_parameters
!
!-- run steering
!--------------------------------------------------------------------------------
    end_time                    = 10800.0, ! simulation time of the 3D model

    create_disturbances         = .TRUE., ! randomly perturbate horiz. velocity
    dt_disturb                  = 150.0,   ! interval for random perturbations
    disturbance_energy_limit    = 0.015,   ! upper limit for perturbation energy

    data_output_2d_on_each_pe   = .FALSE., ! don't do 2D output on each MPI rank

!
!-- data output
!--------------------------------------------------------------------------------
    netcdf_data_format          = 2, ! use NetCDF3

    dt_run_control              = 0.0,    ! output interval for run control
    dt_data_output              = 900.0,  ! output interval for general data
    dt_data_output_av           = 1800.0  ! output interval for averaged data
```

```
行: 1/104        列: 1           字符: 33 (0x21)      编码: 936 (ANSI/OEM
```

图 8   p3d 文件代码 2

```
   dt_do3d                    = 900.0,   ! output interval for 3D data
   dt_do2d_xy                 = 900.0,   ! output interval for 2D XY data
   dt_do2d_xz                 = 900.0,   ! output interval for 2D XZ data
   dt_do2d_yz                 = 900.0,   ! output interval for 2D YZ data
   dt_dopr                    = 900.0,   ! output interval for profile data

   data_output                = 'u', 'u_av',
                                'v', 'v_av',
                                'w', 'w_av',
                                'theta', 'theta_av',
                                'u_xy', 'u_xz', 'u_yz', 'u_xz_av',
                                'v_xy', 'v_xz', 'v_yz', 'v_xz_av',
                                'w_xy', 'w_xz', 'w_yz', 'w_xz_av',
                                'theta_xy', 'theta_xz', 'theta_yz',

   data_output_pr             = 'u', 'u*2',
                                'v', 'v*2',
                                'w', 'w*2', 'w*3',
                                '#theta', 'theta*2',
                                'wtheta', 'w"theta"', 'w*theta*',

   section_xy                 = 2,
                                10, ! grid index for 2D XY cross sections
   section_xz                 = 5,
                                20, ! grid index for 2D XZ cross sections
   section_yz                 = 20,
                                25, ! grid index for 2D YZ cross sections

   averaging_interval         = 900.0, ! averaging interval general data
   dt_averaging_input         = 10.0,  ! averaging general data sampling rate

   averaging_interval_pr      = 900.0, ! averaging interval profile data
   dt_averaging_input_pr      = 0.0,   ! averaging profile data sampling rate

/ ! end of runtime parameter namelist
```

图 9 p3d 文件代码 3

5.转到控制器界面"putty",输入"cd palm/current version/",按回车键,控制器就转到此文件夹下,具体操作界面如图 10 所示。

图 10　控制器界面(转入相应文件夹)

然后输入"palmrun-b-r example-c batch-X25-T20-a "d3♯"-t 360000"(其中 example 处改写成与自己编写的文件名相同,如 simple,如图 11 所示。-X 后面的值最大为 28,-T 后面的值要小于等于-X 后面的值且能被 x,y 网格数整除)。

图 11　控制器界面(运行命令输入)

按回车键后出现"everything o.k.（y/n）?"，输入"y"就开始运行模式。图 12 和图 13 分别为模式开始运行和结束运行时控制器界面。

图 12　模式运行开始

图 13　模式运行结束

6. 当程序报错时,返回到与站点同名的文件夹(如 SL0012081),找到 job_queue 文件夹并进入。里面的文件按时间先后顺序排列,找到你刚刚运行模式的时间所对应的文件,左键双击进入后,里面有你刚刚运行模式的各种信息。图 14 指出了程序文件的错误编号及具体错误,找到错误处后,返回编写的程序文件并进行修改,修改完成后重复上一步。可根据报错 ID(identity document)在 PALM 官网上搜索如何修改,如图 15 所示。具体的修改方法会在网页中说明,如图 16 所示。

```
+++ error message ---   ID: PA0065    generated by routine: check_parameters

    boundary_condition: bc_pt_b = "dirichlet
    is not allowed with constant_heatflux = .TRUE.

    Further information can be found at
    http://palm.muk.uni-hannover.de/trac/wiki/doc/app/errmsg#PA0065
```

图 14　程序报错信息示例

图 15　报错搜集示例

图 16　报错解决方案示例

7. 等待模式运行完成,在 WinSCP 界面里,最初创建的文件夹(simple)里会多出两个文件夹 OUTPUT 和 MONITORING,如图 17 所示,输出文件数据就在 OUTPUT 里面,可用 MATLAB 将数据画出。

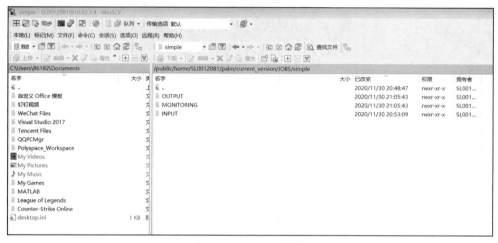

图 17　OUTPUT 界面

具体参数设置

p3d 文件展示如下(行右楷体加下划线的文字为对每行代码的注解):

!-- INITIALIZATION PARAMETER NAMELIST

! Documentation:https://palm. muk. uni-hannover. detracwiki/doc/app/inipar

&initialization_parameters

!-- grid parameters　　　　　　　　　　　　　　　　　　　*网格参数*

nx=39,! Number of gridboxes in x-direction(nx + 1)*x 方向上的网格数*

ny=39,! Number of gridboxes in y-direction(ny + 1)*y 方向上的网格数*

nz=40,! Number of gridboxes in z-direction(nz)　*z 方向上的网格数*

dx=50. 0,! Size of single gridbox in x-direction　*x 方向上的网格长度*

dy=50. 0,! Size of single gridbox in y-direction　*y 方向上的网格长度*

dz=50. 0,! Size of single gridbox in z-direction　*z 方向上的网格长度*

dz_stretch_level=1200. 0,　　　　　　　　*海水在 z 方向上哪里开始拉伸的*

dz_stretch_factor=1. 08,! $dz(k + 1)=dz(k) * dz\_stretch\_factorz$

z 方向上的网格拉伸

!-- initialization　　　　　　　　　　　　　　　*模型初始化设置*

initializing_actions= 'set_constant_profiles ', ! initial conditions

初始化条件

ug_surface=0.0，! u-comp of geostrophic wind at surface

地转流（u 方向）

vg_surface=0.0，! v-comp of geostrophic wind at surface

地转流（v 方向）

pt_surface=300 , ! initial surface potential temp　　表面温度（K）

pt_vertical_gradient=1 , ! piecewise temp gradients　　温度梯度

pt_vertical_gradient_level=800 ,3000 ,　　温度梯度的高度

!-- boundary conditions　　边界条件

surface_heatflux=0.1,! sensibleheat flux at the bottom surface

底边的显热通量

bc_pt_b= 'dirichlet' , ! required with surface_heatflux

位温的底边界条件

!-- numerics

fft_method= 'temperton-algorithm', ! build-in fft method

建立傅里叶模型

/ ! end of initialization parameter namelist

!-- RUNTIME PARAMETER NAMELIST

&runtime_parameters

!-- run steering

end_time=10800.0，! simulation time of the 3D model　　模式运行时间

create_disturbances=.TRUE.，! randomly perturbate horiz. velocity

dt_disturb=150.0，! interval for random perturbations

disturbance_energy_limit=0.015，! upper limit for perturbation energy

data_output_2d_on_each_pe=.FALSE.，! don't do 2D output on each MPI rank

!-- data output

netcdf_data_format=2，! use NetCDF3

dt_run_control=0.0，! output interval for run control

运行控制文件输出间隔

dt_data_output=900.0，! output interval for general data3d

三维数据输出时间间隔

dt_data_output_av=1800.0，! output interval for averaged data !

时间平均输出数据的输出间隔

dt_do3d=900.0，! output interval for 3D data　输出三维数据的时间间隔

dt_do2d_xy=900.0，! output interval for 2D XY data

输出 xy 截面数据的时间间隔

dt_do2d_xz=900.0，! output interval for 2D XZ data

dt_do2d_yz=900.0，! output interval for 2D YZ data

dt_dopr=900.0，! output interval for profile data

data_output= 'u'，'u_av'，'v'，'v_av'，'w'，'w_av'，'theta'，'theta_av'，
            'u_xy'，'u_xz'，
            'u_yz'，'u_xz_av'，'v_xy'，'v_xz'，'v_yz'，'v_xz_av'，'w_xy'，
            'w_xz'，'w_yz'，'w_xz_av'，'theta_xy'，'theta_xz'，'theta_yz'，

  <u>输出的数据，_xy 的意思是输出 xy 截面，_av 的意思是输出时间平均数据</u>

data_output_pr= 'u'，'u*2'，'v'，'v*2'，'w'，'w*2'，'w*3'，'#theta'，
            'theta * 2'，'wtheta'，'w"theta"'，'w*theta*'，

section_xy=2，10，! grid index for 2D XY cross sections xy

  <u>xy 截面输出的高度选择</u>

section_xz=5，20，! grid index for 2D XZ cross sections

section_yz=20，25，! grid index for 2D YZ cross sections

averaging_interval=900.0，! averaging interval general data

  <u>所有数据的平均输出间隔</u>

dt_averaging_input=10.0，! averaging general data sampling rate

averaging_interval_pr=900.0，! averaging interval profile data

  <u>将垂直剖面图输出到本地文件数据的平均间隔</u>

dt_averaging_input_pr=0.0，! averaging profile data sampling rate

/! end of runtime parameter namelist

第1章 引 言

1.1 湍流数值模拟

现在的湍流数值模拟方法分为 3 种：湍流直接数值模拟（direct numerical simulation，DNS）方法、雷诺平均 N-S（Navier-Stokes）方程（Reynolds averaged Navier-Stokes equations，RANS）方法和大涡数值模拟（large eddy simulation，LES）方法。这 3 种方法是目前研究湍流工程应用的最常用的数值模拟方法。

1.1.1 湍流直接数值模拟（DNS）方法

湍流直接数值模拟是数值求解 N-S 方程：

$$\frac{\partial u_i}{\partial t} + u_j \frac{\partial u_i}{\partial x_j} = -\frac{1}{\rho}\frac{\partial p}{\partial x_i} + \nu \frac{\partial^2 u_i}{\partial x_j \partial x_j} + f_i \qquad (1.1.1)$$

$$\frac{\partial u_i}{\partial x_i} = 0 \qquad (1.1.2)$$

其中，(i,j,k) 代表笛卡尔坐标的三个方向。那么，(x_i,x_j,x_k) 代表 (x,y,z)，(u_i,u_j,u_k) 代表 (u,v,w)，ρ 代表海水密度，p 代表压强，f 代表质量力，$\frac{u}{\rho}=\nu$ 代表运动黏度系数。以上方程无量纲化后，$\rho=1$，$\nu=1/\mathrm{Re}$，雷诺数 $\mathrm{Re}=UL/\nu$，其中，U 是流动的特征速度，L 是流动的特征长度。高雷诺湍流是指 $\mathrm{Re} \gg 1$。给定流动的边界条件和初始条件后，数值求解上述方程就得到一个样本流动。理论上，直接数值模拟可以获得湍流场的全部信息；实际上，实现直接数值模拟需要规模巨大的计算机资源。由于湍流是多尺度不规则运动，精确计算湍流需要很小的空间网格长度和时间步长。Orszag 等（1972）首先实现了这种想法，计算了一个低雷诺数的均匀湍流场，从此湍流直接数值模拟蓬勃发展起来。但是，对于简单的湍流，可以估计，而要计算 $\mathrm{Re}=10000$ 的湍流，则需要 1GB 内存的计算机，且计算量达到 10^{12} 次运算。鉴于计算机资源的限制，目前可以实现的湍流直接数值模拟的雷诺数较低，但直接数值模拟是研究低雷诺数湍流机理的有效工具。DNS 通过离散化技术，直接求解了从黏性到全局的所有尺度的 N-S 方程。因为在海洋中所有尺度都是相互影响的，所以黏性尺度总是需要直接离散求解。这就导致了计算机限定了这种方法只能求解相对较低的雷诺数的小尺度运动［如 Shih 等（2000）的平均剪切流和 Smyth 等（2001）的单一 Kelvin-Helmholtz 巨浪］。因此，不能将 DNS 应用于特定的沿海尺度问题。

1.1.2 雷诺平均 N-S 方程（RANS）方法

雷诺平均 N-S 方程方法是在给定平均运动的边界条件和初始条件下数值求解雷诺方程：

$$\frac{\partial \langle u_i \rangle}{\partial t} + \langle u_j \rangle \frac{\partial \langle u_i \rangle}{\partial x_j} = -\frac{1}{\rho}\frac{\partial \langle p \rangle}{\partial x_i} + \nu \frac{\partial^2 \langle u_i \rangle}{\partial x_j \partial x_j} - \frac{\partial \langle u'_i u'_j \rangle}{\partial x_j} + \langle f_i \rangle \quad (1.1.3)$$

$$\frac{\partial \langle u_i \rangle}{\partial x_i} = 0 \quad (1.1.4)$$

其中，尖括号表示时间平均，即 $\langle u_i \rangle - \lim_{T\to\infty}\frac{1}{T}\int_0^T u(x,t)\mathrm{d}t$ ；单撇表示时间平均后的脉动值，即 $u_i = \langle u_i \rangle + u'_i$。雷诺方程中 $\langle u'_i u'_j \rangle$ 是未知量，必须附加封闭方程才能数值求解雷诺方程。自从 20 世纪 20 年代 Prandtl(1925)提出混合长度模式以来，已经有许多雷诺应力的封闭模式。它们可以分为两类，即代数方程形式的模式和微分方程形式的模式。微分方程形式的模式又可以分成涡黏形式的微分方程模式和雷诺应力的微分方程模式。雷诺平均 N-S 方程方法把整体平均量而不是脉动量作为预测变量，从而求解 N-S 方程。因此，湍流的随机特征被统计学方法表示出来，而部分小尺度过程在平均过程中丢失。在海洋应用中，RANS 方法通常通过各种局部平衡假设简化，并通过平均参数化方案进行封闭。虽然，相较于 DNS，RANS 方法在计算量上有优势，应用现有的计算机资源可以计算高雷诺数的复杂运动，但是它也有不可避免的缺陷。RANS 只能给出湍流的平均运动和相应的平均物理量，而不能给出需要的脉动量。另外，雷诺平均的封闭模式过多(Mellor and Yamada, 1974；Launder et al.，1975；Kantha and Clayson, 1994；Canuto et al.，2001，2002；Cheng et al.，2001；Umlauf and Burchard,2003)，且它们之间没有相对统一，导致 RANS 方法的准确性较差。

1.1.3 大涡模拟（LES）方法

在 20 世纪 70 年代，一种新型的湍流数值模拟方法问世，即大涡模拟(Deardorff,1973)。大涡模拟的中心思想是，在湍流数值模拟中只计算大尺度的脉动，将小尺度脉动对大尺度运动的作用建立模型。由于放弃直接计算小尺度的脉动，数值模拟的时间和空间步长就可以放大，因而可以降低对计算机资源的苛刻要求，同时减少计算工作量。LES 可求解空间过滤的 N-S 方程，可直接求解大尺度、包含能量的湍流涡旋，而对于小尺度涡则进行了参数化。与 DNS 一样，LES 不适合在大尺度上进行模拟。在海洋科学中，这种方法通常用于研究海表混合层，而且绝大多数在水平方向上均匀［如 Wang et al(1998)和 Large and Gent(1999)研究了太平洋赤道海域,Jones and Marshall(1993)和 Denbo and Skyllingstad(1996)研究了海洋对流,Skyllingstad and Denbo(1995)和 McWilliams et al. (1997)研究了 Langmuir 环流]。在最近的科学研究中,大涡模拟开始被应用于近岸海域。

1.2　PALM 概述

本书将概括地描述并行大涡模拟模型(parallelized large-eddy simulation model,PALM),其核心是由德国汉诺威莱布尼兹大学(Gottfried Wilhelm Leibniz Universität Hannover)的气象和气候研究所开发的。该模型以 Raasch 和 Etling(1992)所描述的非并行化大涡模拟代码为基础。并行化版本大约在 2021 年开发,它的第一个公式由 Raasch 和 Schröter 于 2001 年提出。因此,PALM 是第一个用于大气研究的并行大涡模拟模型。在过去的 20 多年里,在许多人的帮助下其代码得到了进一步开发。因此,大量的代码被添加、优化和改进。例如,目前已经实现了作为拉格朗日粒子模型(Lagrangian particle model,LPM)一部分的嵌入式模型,如拉格朗日云模型(Lagrangian cloud model,LCM)和冠层模型,并且,还可以选择笛卡尔地形。此外,该模型针对大气湍流的研究目的也通过海洋流的一个选项得以扩展。因此,Raasch 和 Schröter(2001)的研究不再被认为是当前和未来研究文章的充分参考。

在本书中,我们将全面描述 PALM 4.0 版本的相关内容。本书的部分思想是受到 Heus 等(2010)的启发而得到的。Heus 等(2010)对荷兰大气大涡模拟(Dutch atmospheric large-eddy simulation,DALES)模型进行了详细的描述。

PALM 4.0 的徽标(见图 1.1)上设计了一棵棕榈树(参考单词 palm 的含义)。

图 1.1　4.0 版中引入的 PALM 徽标

1.3　最新研究进展

1.3.1　大涡模拟波浪下边界对湍流动能收支再分配的影响

海洋湍流在沿海流中起着重要作用,然而,由于对相邻湍流下边界不均匀的影响仍未完全了解,我们采用湍流分解数值模型(称为大涡模拟模型)探索近岸湍流的力学,以达到理想情况。对于下边界为正弦波的沿海地区,数值模拟显示了电流的机械能如何转移到局部湍流混合中,并显示了下部地形连续相变期间湍流强度的变化。最强的湍流动能集中在波浪形表面的波谷上方。湍流混合主要是由剪切力产生的。剪切产生的幅度在海底地形的波峰处具有局部最大值,并且在下风和上风之间的剪切产生不对称。数值模拟结果与实验室的实验结果一致(见图 1.2)。我们的分析为研究湍流动能产生和发展的机理提供了重要的参考。设置初始条件后,数值模式运行 2 小时,选取 1200 秒后在水平 y 方向上的不同距离($y=0.5\mathrm{m}$,$y=3.5\mathrm{m}$,$y=5.5\mathrm{m}$,$y=7.5\mathrm{m}$,$y=10\mathrm{m}$),对其水平流速进行分析(见图 1.2)。其中,u/u_w^* 为无量纲流速(u_w^* 表示水侧摩擦速度),坐标 x 表示水平 x 方向距离,坐标 y 表示水平 y 方向距离,纵坐标 z/h_1 为无量纲水深(z 为水深,h_1 为模拟域总深度)。

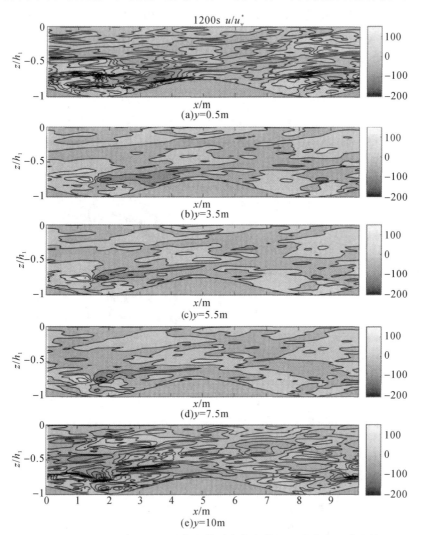

图 1.2　运行 1200s 后高山模型在整个模拟区域中水平流速的深度剖面

1.3.2　基于大涡模拟的三角形地形之层结流体湍流动能收支模型

为了探究海底地形对湍流动能收支的影响,本书使用并行大涡模拟模型(PALM),以坡陡为无量纲地形参数(δ),设置了亚临界、临界和超临界三种地形状态($\delta=0.5,1,2$)进行数值模拟。对地形作用下的流体速度和湍流动能收支分布,以及湍流动能平衡方程各参量进行了数值计算及呈现(见图1.3),图中横坐标x/l为无量纲水平距离(x为水平x方向距离,l为模拟域总长度),纵坐标z/h为无量纲水深(z为水深,h为模拟域总深度)。由于能量往往在海脊附近耗散,通过回归分析和量纲分析重点讨论了地形顶点处耗散和海表处耗散,与地形坡陡的关系,得出其关系均呈指数形式变化(见图1.4)。

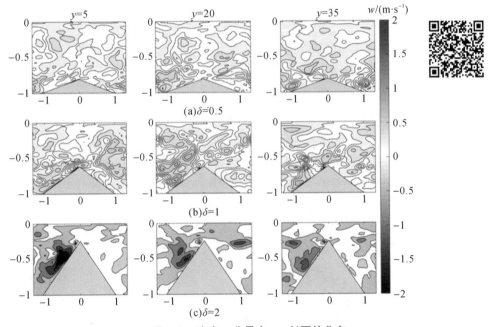

图 1.3　速度 w 分量在 x-z 剖面的分布

注:各图中横坐标为 x/l,纵坐标为 z/h。

1.3.3　对流不稳定诱导的混合及其大涡模拟参数化

采用大涡模拟模型(LES)研究了热液喷出驱动的对流不稳定过程。在分层旋转框架中研究了底部热源诱导的对流混合过程。数值实验控制案例配置水平和垂直分辨率5m,位于35°S处。结果表明,热液柱的三维结构呈伞形(见图1.5和图1.6)。图1.5为控制试验下纬向平均湍流动能的垂直截面分布,横坐标表示水平 y 方向距离,纵坐标表示水深。图1.6表示控制试验中在过去24小时(96~120小时)内,水

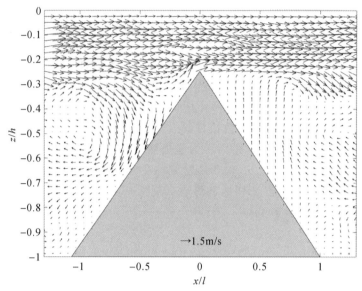

图 1.4　速度流场分布(超临界地形)

平 y 方向距离为 $y=400\mathrm{m}$ 和水平 x 方向距离 $x=400\mathrm{m}$ 时的垂直截面。图 1.6(a)中横坐标为水平 x 方向距离,纵坐标为水深。图 1.6(b)中横坐标为水平 y 方向距离,纵坐标为水深。在通气口上方出现一个强的顺时针涡旋,涡旋轴线倾斜并有组织地进动。通过一系列数值实验,测试了三个特征参数(涡流黏度、最大羽流上升高度和涡强度)对三个变量(来自喷口的热流、旋转频率和背景分层)的敏感性。在敏感性实验的基础上,得到了涡流黏度和最大羽流上升高度与来自喷口的热流、旋转频率和背景分层的参数化关系。

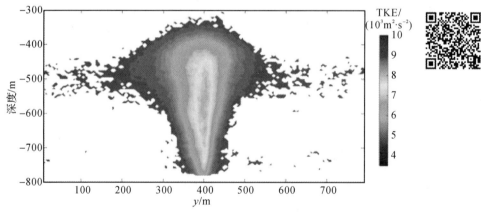

图 1.5　控制试验下纬向平均湍流动能的垂直截面分布

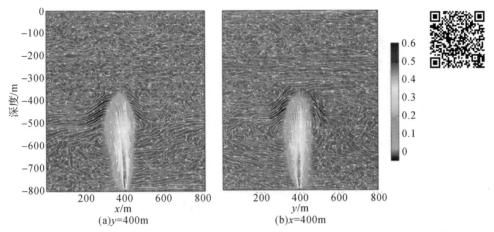

图 1.6 控制试验中在过去 24 小时(第 96~120 小时)内,$y=400\text{m}$ 和 $x=400\text{m}$ 处的流场垂向剖面
注:色标表示垂直速度,白线表示平均流量流线。单位为 m/s。

1.3.4 基于大涡模拟耦合模式的小尺度海气相互作用研究

针对传统的大尺度海气耦合模式缺少湍流尺度分析的问题,本书使用并行大涡模拟模型(PALM)海气耦合部分,在小尺度上探究风速对海气通量及湍流动能收支(turbulence kinetic energy budget,TKE budget)的影响,设置了 5m/s、10m/s 和 15m/s 三种地转风速度,对大气边界层(atmospheric boundary layer,ABL)和海洋混合层(oceanic mixed layer,OML)进行海气耦合模拟。研究表明:海气通量的分布与风速大小密切相关,风速越大,净热通量和浮力通量相对越大,温度上升导致海水蒸发加剧,使得大气的淡水通量增大(见图 1.7)。图 1.7 为在不同深度处($z=-5\text{m}$,$z=-15\text{m}$,$z=-30\text{m}$,$z=-40\text{m}$)的垂向流速水平截面,横、纵坐标分别为水平 x 和 y 方向的距离。

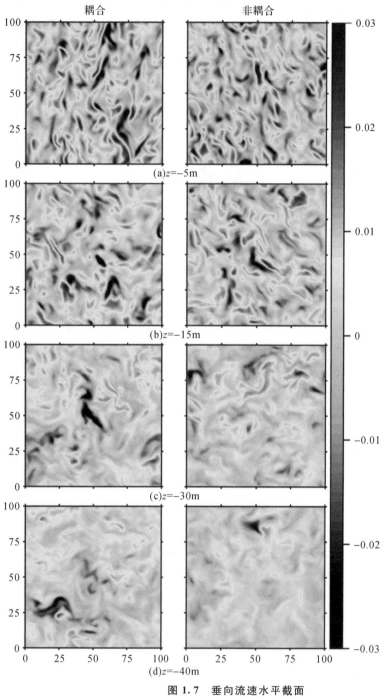

图 1.7　垂向流速水平截面

注:各图中横坐标为 x/m,纵坐标为 y/m。

第 2 章　大涡模拟模型理论

2.1　控制方程

该模型以 Boussinesq 近似形式的非静力、过滤、不可压缩 N-S 方程为基础。在下面这组等式中,尖括号表示水平域平均值,下标 0 表示海表面值。请注意,方程中的变量是通过离散化隐式过滤的,但为了方便起见,这里使用了方程的连续形式,双撇表示亚格子(subgrid scale, SGS)变量。为便于阅读,除了 SGS 通量项外,上划线表示过滤量的数值被省略。在笛卡尔网格上,得到通过网格体积滤波的质量、能量、位温和盐度的守恒方程。忽略柯氏力项的大涡模拟模型的基本方程为:

$$\frac{\partial u_i}{\partial t} = -\frac{\partial u_i u_j}{\partial x_j} - \varepsilon_{ijk} f_j u_k + \varepsilon_{ik} f_3 u_{g,j} - \frac{1}{\rho_0}\frac{\partial \pi^*}{\partial x_i}$$
$$+ g\frac{\theta_v - \langle\theta_v\rangle}{\langle\theta_v\rangle}\delta_{i3} - \frac{\partial}{\partial x_j}\left(\overline{u''_i u''_j} - \frac{2}{3}e\delta_{ij}\right) \qquad (2.1.1)$$

$$\frac{\partial u_j}{\partial x_j} = 0 \qquad (2.1.2)$$

$$\frac{\partial \theta}{\partial t} = -\frac{\partial u_j \theta}{\partial x_j} - \frac{\partial}{\partial x_j}\left(\overline{u''_j \theta''}\right) - \frac{L_v}{c_p \Pi}\Psi_{q_v} \qquad (2.1.3)$$

$$\frac{\partial q_v}{\partial t} = -\frac{\partial u_j q_v}{\partial x_j} - \frac{\partial}{\partial x_j}\left(\overline{u''_j q''_v}\right) - \Psi_{q_v} \qquad (2.1.4)$$

$$\frac{\partial s}{\partial t} = -\frac{\partial u_j s}{\partial x_j} - \frac{\partial}{\partial x_j}\left(\overline{u''_j s''}\right) - \Psi_s \qquad (2.1.5)$$

以上公式中各参数含义见附表。

用当前的绝对温度 T 和 Exner 函数 Π,可得潜在温度为

$$\theta = T/\Pi \qquad (2.1.6)$$

其中

$$\Pi = \left(\frac{p}{p_0}\right)^{R_d/c_p} \qquad (2.1.7)$$

式中,p 为气体静压强,$p_0 = 1000 \text{hPa}$ 是参考压强,R_d 是干空气的比气体常数,c_p 是恒压下的干空气热容量。真实的潜在温度为

$$\theta_v = \theta\left[1 + \left(\frac{R_v}{R_d} - 1\right)q_v - q_1\right] \qquad (2.1.8)$$

式中，R_v 是水蒸气的比气体常数，R_d 是干空气的比气体常数，q_v 是特定湿度/比湿，q_l 是液态水比湿度。

2.2　湍流闭合

LES 的主要挑战之一是湍流闭合。过滤过程产生无法明确计算的 4 个 SGS 协方差项。在 PALM 中，这些 SGS 条件在 Deardorff(1980)之后用 1.5 阶闭合模型参数化方案替代。PALM 使用了 Moeng 和 Wyngaard(1988)、Saiki 等(2000)的改良版本。闭合是基于 SGS 涡旋的能量输运与平均量和读数的局部梯度成正比的假设。

$$\overline{u''_i u''_j} - \frac{2}{3}e\delta_{ij} = -K_m\left(\frac{\partial u_i}{\partial x_j} + \frac{\partial u_j}{\partial x_i}\right) \tag{2.2.1}$$

$$\overline{u''_i \theta''} = -K_h \frac{\partial \theta}{\partial x_i} \tag{2.2.2}$$

$$\overline{u''_i q''_v} = -K_h \frac{\partial q_v}{\partial x_i} \tag{2.2.3}$$

$$\overline{u''_i s''} = -K_h \frac{\partial s}{\partial x_i} \tag{2.2.4}$$

式中，K_m 和 K_h 分别为局域 SGS 涡动动量扩散系数和热扩散系数。这两个参数与 SGS-TKE 有关：

$$K_m = c_m l\sqrt{e} \tag{2.2.5}$$

$$K_h = \left(1 + \frac{2l}{\Delta}\right)K_m \tag{2.2.6}$$

式中，$c_m = 0.1$ 为模型常数，$\Delta = \sqrt[3]{\Delta_x \Delta_y \Delta_z}$，其中 Δ_x、Δ_y、Δ_z 分别为 x、y、z 方向上的网格间距。SGS 混合长度 l 取决于高度 z(使用地形时与边界的距离)、Δ 和分层，计算公式为

$$l = \begin{cases} \min\left(1.8z, \Delta, 0.76\sqrt{e}\left(\dfrac{g}{\theta_{v,0}}\dfrac{\partial \theta_v}{\partial z}\right)^{-\frac{1}{2}}\right), & \dfrac{\partial \theta_v}{\partial z} > 0 \\ \min(1.8z, \Delta), & \dfrac{\partial \theta_v}{\partial z} \leqslant 0 \end{cases} \tag{2.2.7}$$

此外，闭合还包括 SGS-TKE 的预测方程：

$$\frac{\partial e}{\partial t} = -u_j \frac{\partial e}{\partial x_j} - \overline{u''_i u''_j}\frac{\partial u_i}{\partial x_j} + \frac{g}{\theta_{v,0}}\overline{u''_3 \theta''_v} - \frac{\partial}{\partial x_j}\left[\overline{u''_j\left(e + \frac{p''}{\rho_0}\right)}\right] - \epsilon \tag{2.2.8}$$

式(2.2.8)中的压强项参数化为

$$\left[\overline{u''_j\left(e + \frac{p''}{\rho_0}\right)}\right] = -2K_m \frac{\partial e}{\partial x_j} \tag{2.2.9}$$

ϵ 为网格体内 SGS 耗散率，为

$$\epsilon = \left(0.19 + 0.74\frac{l}{\Delta}\right)\frac{e^{\frac{3}{2}}}{l} \tag{2.2.10}$$

因为 θ_v 依赖于 θ、q_v 和 q_l(见式 2.1.8)，垂直 SGS 浮力通量 $\overline{w''\theta''}$ 取决于各自的

SGS 通量(Stull,1988):

$$\overline{w''\theta''}_{v} = K_1\,\overline{w''\theta''} + K_2\,\overline{w''q''}_{v} - \theta\,\overline{w''q''}_{l} \tag{2.2.11}$$

$$K_1 = 1 + \left(\frac{R_v}{R_d} - 1\right)q_v - q_l \tag{2.2.12}$$

$$K_2 = \left(\frac{R_v}{R_d} - 1\right)\theta \tag{2.2.13}$$

和液态水的垂直 SGS 通量:

$$\overline{w''q''}_{l} = -K_h\,\frac{\partial q_l}{\partial z} \tag{2.2.14}$$

2.3 离散化

　　PALM 中的模型域使用有限差分和等距水平网格间距(Δ_x,Δ_y)在空间中离散化的方法。网格可以在垂直方向上延伸到大气边界层之上,以节省在自由大气中的计算时间。使用交错的 Arakawa C 网格(Harlow and Welch,1965;Arakawa and Lamb,1977),其中标量被定义在每个网格体积的中心,而速度分量在它们各自的方向上偏移半个网格宽度,使得它们被定义在网格体积的边缘(见图 2.1)。因此,可以计算体积中心速度分量的导数(与标量相同的位置)。同样,标量的导数可以在体积的边缘计算。通过这种方式,可以仅计算一个网格长度上的导数,并且与非交错网格相比,有效空间模型分辨率可以提高 2 倍。

　　默认情况下,方程(2.1.1)至(2.1.5)中的平流项是在 Williamson(1980)之后使用逆风偏置五阶差分格式结合三阶龙格-库塔(Runge-Kutta)时间步长格式离散的。Wicker 和 Skamarock(2002)比较了不同的时间和平流差分方案,发现这种组合在精度和算法简单性方面给出了最好的结果。然而,已知五阶差分格式是过度耗散的。因此,也可以在 Piacsek 和 Williams(1970)之后使用二阶方案。后一种方案是不耗散的,但存在巨大的数值色散。时间离散化也可以使用二阶龙格-库塔或一阶欧拉格式来实现。

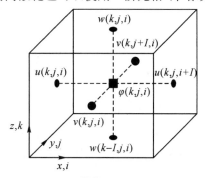

图 2.1　交错的 Arakawa C 网格

注:指数 i、j 和 k 分别指 x、y 和 z 方向上的网格点。标量 φ 定义在网格体积的中心,而速度定义在网格体积的边缘。

2.4 压力求解

Boussinesq 近似要求流体具有不可压缩性,但是第 2.1 节中描述的控制方程的积分不提供这一特征。因此,流场的发散是固有的。使用预测-校正方法,可在每一个时间步长后,对修正的扰动压力求解一个方程(例如,Patrinos 和 Kistler,1977)。在第一步中,在时间积分期间,从方程(2.1.1)中排除压力项 $-\dfrac{1}{\rho_0}\dfrac{\partial \pi^*}{\partial x_i}$。这在时间 $t+\Delta t$ 产生了一个初步速度 $u_{i,\mathrm{pre}}^{t+\Delta t}$。出现的分歧可以归因于压力项。随后,预测速度可以在第二步中分解为

$$u_i^{t+\Delta t} = u_{i,\mathrm{pre}}^{t+\Delta t} - \Delta t \cdot \frac{1}{\rho_0}\frac{\partial \pi^{*t}}{\partial x_i} \qquad (2.4.1)$$

第三步是规定 $u_i^{t+\Delta t}$ 的不可压缩性:

$$\frac{\partial}{\partial x_i}u_i^{t+\Delta t} = \frac{\partial}{\partial x_i}\left(u_{i,\mathrm{pre}}^{t+\Delta t} - \Delta t \cdot \frac{1}{\rho_0}\frac{\partial \pi^{*t}}{\partial x_i}\right)' = 0 \qquad (2.4.2)$$

结果是 π^* 的泊松方程:

$$\frac{\partial^2 \pi^{*t}}{\partial x_i^2} = \frac{\rho_0}{\Delta t}\frac{\partial u_{i,\mathrm{pre}}^{t+\Delta t}}{\partial x_i} \qquad (2.4.3)$$

等式(2.4.3)的精确解将给出 π^*,当在等式(2.4.1)中使用时,该 π^* 产生无发散的 $u_i^{t+\Delta t}$。在实践中,发现数值上有效的发散减少几个数量级就足够了。请注意,等式(2.4.1)至(2.4.3)中的微分是为了方便起见而使用的,而模型代码使用的是有限差分。当采用 Runge-Kutta 时间步进方案时,上述公式用于求解每个子步骤的泊松方程。然后根据这些子步骤的加权平均值计算 π^*。

在循环横向边界条件的情况下,方程(2.4.3)的解使用直接快速傅里叶变换(fast fourier transformation,FFT)来实现。泊松方程在两个水平方向上进行傅里叶变换;得到的三对角矩阵沿 z 方向求解,然后变换回来(例如,Schumann and Sweet,1988)。PALM 提供了低效率但限制较少的单例快速傅里叶变换(Singleton,1969)和优化良好的 Temperton 快速傅里叶变换(Temperton,1992)。也可以使用外部快速傅里叶变换库(fastest fourier transform in the west,FFTW)(Frigo and Johnson,1998)。或者,可以使用迭代多重网格方案(例如,Hackbusch,1984),该方案在每个网格层的内部迭代中使用逐次超松弛迭代(successive over relaxation,SOR)方法。该方案的收敛性受到此方案的条件的影响,即受到此方案的每个调用执行的所谓的循环数和在每个网格级上执行的排序迭代数的控制。由于多重网格格式对沿水平方向的周期性没有要求,它允许使用非循环横向边界条件。

2.5　边界条件

PALM 提供了多种边界条件。可以为模型底部和顶部的 u、v、θ、q_v 和 p^* 选择狄利克雷或诺依曼边界条件。对于水平速度分量,选择诺依曼(狄利克雷)边界条件产生自由滑动(无滑动)条件。诺依曼边界条件也用于 SGS-TKE。热量和水分的运动通量可以在表面通过诺依曼条件规定,而不是温度和湿度(狄利克雷条件)。在模型的顶部,狄利克雷边界条件可用于给定的地转风值。默认情况下,标量和水平速度分量的最低网格级别($k=0$)不是垂直交错的,而是在表面($z=0$)处定义的。在模型底部存在自由滑动边界条件的情况下,最低网格水平由表面下方定义($z=-0.5\Delta_z$)。假设表面和顶部边界上的临界速度为零,则意味着对压力采用诺依曼条件。

根据 Monin-Obukhov 相似理论(Monin-Obukhov similarity theory,MOST),可以假设一个恒定的通量层作为表面和第一个网格层之间的边界条件,其中定义了标量和水平速度($k=1$,$z_{MO}=0.5\Delta_z$)。然后需要提供动量和热量的粗糙度长度 z_0 和 $z_{0,h}$。动量通量和热通量以及水平速度分量用下面的框架计算。这个公式理论上只适用于水平平均量。在 PALM 中,我们假设 MOST 也可以在局部应用,因此我们计算局部通量、速度和尺度参数。

水平风速 $u_h=(u^2+v^2)^{\frac{1}{2}}$ 的垂直剖面图在表层以下

$$\frac{\partial u_h}{\partial z}=\frac{u_*}{\kappa z}\Phi_m\left(\frac{z}{L}\right) \tag{2.5.1}$$

式中,$\kappa=0.4$ 是卡门常数,Φ_m 是 Businger-Dyer(布辛格-戴尔)公式中动量的相似性函数(例如,Panofsky and Dutton,1984):

$$\Phi_m=\begin{cases} 1+5\dfrac{z}{L}, & \dfrac{z}{L}\geqslant 0 \\[2mm] \left(1-16\dfrac{z}{L}\right)^{-\frac{1}{4}}, & \dfrac{z}{L}<0 \end{cases} \tag{2.5.2}$$

式中,L 为奥布霍夫长度,计算公式为:

$$L=\frac{\theta_v(z)u_*^2}{\kappa g\left[\theta_*+0.61\theta(z)q_*+0.61q_v(z)\theta_*\right]} \tag{2.5.3}$$

缩放参数 θ_* 和最大湿度参数 q_* 由 MOST 定义为

$$\theta_*=\frac{\overline{w''\theta''}_0}{u_*}, \quad q_*=-\frac{\overline{w''q''}_{v0}}{u_*} \tag{2.5.4}$$

摩擦速度 u_* 定义为:

$$u_*=\left[(\overline{u''w''}_0)^2+(\overline{v''w''}_0)^2\right]^{\frac{1}{4}} \tag{2.5.5}$$

在 PALM 中,u_* 是在 z_{MO} 处的 u_h 通过等式(2.5.1)在 z 上从 z_0 到 z_{MO} 的垂直积分来计算的。

从方程(2.5.1)和(2.5.5)可以推导出水平风分量的公式,即

$$\frac{\partial u}{\partial z} = \frac{-\overline{u''w''}_0}{u_* \kappa z}\Phi_m \frac{z}{L}, \quad \frac{\partial v}{\partial z} = \frac{-\overline{v''w''}_0}{u_* \kappa z}\Phi_m \frac{z}{L} \quad (2.5.6)$$

方程(2.5.6)在 z 上从 z_0 到 z_{MO} 的垂直积分产生了表面动量通量 $\overline{u''w''}_0$ 和 $\overline{v''w''}_0$。上面的公式都需要知道标量参数 θ_* 和 q_*。这些都是从垂直积分推导出来的

$$\frac{\partial \theta}{\partial z} = \frac{\theta_*}{\kappa z}\Phi_h \frac{z}{L}, \quad \frac{\partial q_v}{\partial z} = \frac{q_*}{\kappa z}\Phi_h \frac{z}{L} \quad (2.5.7)$$

在 z 上从 $z_{0,h}$ 到 z_{MO},相似函数 Φ_h 由下式给出

$$\Phi_h = \begin{cases} 1 + 5\dfrac{z}{L}, & \dfrac{z}{L} \geqslant 0 \\ \left(1 - 16\dfrac{z}{L}\right)^{-\frac{1}{2}}, & \dfrac{z}{L} < 0 \end{cases} \quad (2.5.8)$$

请注意,MOST 在 PALM 中的这种实现需要使用前一时间步长的数据。因此,以下步骤按顺序进行。首先,θ_* 和 q_* 通过使用来自前一时间步长的 z_{MO}/L 的值对等式(2.5.7)进行积分来计算。其次,z_{MO}/L 的新值是使用 θ_* 和 q_* 的新值从等式(2.5.3)导出的,但是使用来自前一时间步长的 u_*。再次,通过对方程(2.5.1)和(2.5.6)进行积分,分别计算 u_* 的新值以及随后的 $\overline{u''w''}_0$ 和 $\overline{v''w''}_0$。最后,方程(2.5.4)用于计算新的地表通量 $\overline{w''\theta''}_0$ 和 $\overline{w''q''}_{v0}$。在特殊情况下,当指定表面通量不是表面温度和湿度时,省略第一步和最后一步,而直接使用等式(2.5.4)计算 θ_* 和 q_*。

此外,模型的平底可以用笛卡尔地形代替(见第 2.5.4 节)。

默认情况下,横向边界条件设置为双向循环。或者,可以选择一个方向的非循环条件,即层流或湍流流入边界(见第 2.5.1 节)和另一侧的开放流出边界(见第 2.5.3 节)。另一个方向的边界条件必须保持循环。

为了防止重力波在顶部边界被反射,海绵层(瑞利阻尼)可以应用于模型域上部的所有预测变量(Klemp and Lilly,1978)。这种海绵层应该只在没有湍流的自由大气中使用。

该模型由水平均匀垂直剖面的潜在温度、特定湿度(或被动标量)和水平风速初始化。具有使用者定义的振幅的均匀分布的随机扰动可以被施加到水平速度分量的场中以引发湍流。

2.5.1 层流和湍流流入边界条件

在层流流入的情况下,除了使用诺依曼边界条件的 SGS-TKE e 和扰动压强 π^* 外,所有的量都使用狄利克雷边界条件。模拟初始化时采用的垂直剖面用于狄利克雷边界条件。为了允许湍流快速发展,可以在流入边界(入口)后面的某个区域内对速度场施加随机扰动。这些扰动可能会持续整个模拟过程。为了防止重力波在入

口处被反射,可以在 Davies(1976)之后定义一个松弛区域。到目前为止,我们发现仅针对温度实施该方法就足够了。因此,这是通过 θ 预测方程(1.1.3)中的附加项实现的:

$$\frac{\partial \theta}{\partial t} = K - C_{\text{relax}}(\theta - \theta_{\text{inlet}}) \tag{2.5.9}$$

这里,θ_{inlet} 是 θ 的稳定流入剖面,而 C_{relax} 是一个松弛系数,取决于距入口的距离 d ,即:

$$C_{\text{relax}}(d) = \begin{cases} F_{\text{inlet}}\sin^2\left(\frac{\pi}{2}\frac{D-d}{D}\right), & d < D \\ 0, & d \geqslant D \end{cases} \tag{2.5.10}$$

式中,D 是松弛区的长度,F_{inlet} 是阻尼因子。

2.5.2　湍流再循环

如果使用非循环水平边界条件,则 PALM 提供了通过使用湍流再循环方法生成与时间相关的湍流流入数据的可能性。该方法参照 Lund 等人(1998)描述的方法,并由 Kataoka 和 Mizuno(2002)进行了修改。图 2.2 概述了 PALM 中使用的回收方法。湍流信号 $\varphi'(y,z,t)$ 取自再循环平面,该再循环平面位于距入口固定距离 x 处:

$$\varphi'(y,z,t) = \varphi(x_{\text{recycle}},y,z,t) - \langle\varphi\rangle y(z,t) \tag{2.5.11}$$

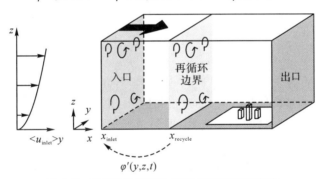

图 2.2　用于产生紊流入流的紊流再循环方法

这里 $\langle\varphi\rangle_y(z,t)$ 是 $\varphi \in (u,v,w,\theta,e)$ 沿着 y 在 $x = x_{\text{recycle}}$ 处的一个预测变量的线平均值。在每个时间间隔的 x_{inlet} 后,$\varphi'(y,z)$ 进入平均流剖面 $\langle\varphi_{\text{inflow}}\rangle y(z)$ 处:

$$\varphi_{\text{inlet}}(y,z,t) = \langle\varphi_{\text{inlet}}\rangle y(z) + \phi(z)\varphi'(y,z,t) \tag{2.5.12}$$

其中,$\phi(z)$ 是流入阻尼函数,为抑制边界层深度的增长,其值在初始边界层高度以下为 1,在初始边界层高度以上为 0。$\langle\varphi_{\text{inflow}}\rangle y(z)$ 在时间上是恒定的,或者是根据先前运行的结果计算出来的,或者是由用户规定的。x_{recycle} 的长度在选择上必须比各自湍流的整体长度尺度要大得多。否则,同样的湍流结构会被重复循环,从而导致湍流谱被非法修改。因此,建议使用之前运行的方式来产生初始湍流场。之前的运行方式沿水平方向可具有相对较小的域。在这种情况下,主要的域由前驱运行数据的循环重复填充。注意,到目前为止,湍流循环还不能适应湿度和被动标量。

湍流循环经常用于模拟城市地形。在这种情况下,地形要素应放置在 x_{recycle} 的足够下游,以防止对进口湍流的影响。

2.5.3　开放流出的边界条件

在出流边界(出口)处,速度分量 u_i 满足辐射边界条件,即:

$$\frac{\partial u_i}{\partial t} + U_{ui} \frac{\partial u_i}{\partial n} = 0 \qquad (2.5.13)$$

此式由 Orlanski(1976)提出。这里的 $\dfrac{\partial u_i}{\partial n}$ 是对出口正常的导数,U_{ui} 是一个传输速度,包括波的传播和平流。改写方程(2.5.13)得到传输速度

$$U_{ui} = -\left(\frac{\partial u_i}{\partial t}\right)\left(\frac{\partial u_i}{\partial n}\right)^{-1} \qquad (2.5.14)$$

每个速度分量在前一个时间步长靠近出口的内部网格点处计算。如果通过方程(2.5.14)计算的传输速度不在 $0 \leqslant U_{ui} \leqslant \Delta/\Delta t$ 范围内,则设置为超过的各自阈值。很明显,局部的 U_{ui} 在复杂紊流情况下变化较大,因此将 U_{ui} 在出流方向进行横向平均,仅在垂直方向变化。或者,可以将传输速度设置为整个出口的上阈值($U_{ui} = \Delta/\Delta t$)。方程(2.5.13)和(2.5.14)采用 Miller 和 Thorpe(1981)的上游方法进行离散。由于辐射边界条件不能保证质量守恒,可以在出口处进行质量通量修正。

2.5.4　地　　形

在 PLAM 下的笛卡尔地形通常基于掩膜方法(Briscolini and Santangelo,1989),并允许明确解决固体障碍,如建筑和地形。该方法实现了以下简化:

(1)障碍物形状由(适当数量的)全网格单元来近似以适应网格,即网格单元或者是 100% 流体或者是 100% 障碍物;

(2)到目前为止,只允许底部表面安装障碍物(没有洞或悬垂结构);

(3)障碍物是固定的(不移动的)。

这些简化将三维障碍物尺寸转换为 2.5 维地形。这种降维格式符合数字高程模型(digital elevation model,DEM)格式。由于遥感技术的进步,城市形态的数字高程模型在世界范围内变得越来越可用。因此,在 PALM 中用二维地形高度数据来遮盖障碍物及其表面就足够了。模型域被分成三个子域(见图 2.3):

(1)没有相邻壁的自由流体中的网格点,在此执行标准 PALM 代码;

(2)需要额外代码(如墙功能)的墙旁边的网格点;

(3)计算中排除的障碍物内的网格点。

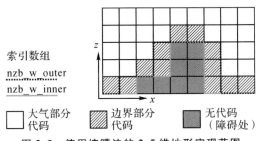

索引数组

nzb_w_outer

nzb_w_inner

□ 大气部分　　▨ 边界部分　　▓ 无代码
　　代码　　　　　代码　　　　（障碍处）

图 2.3　使用掩膜法的 2.5 维地形实现草图

　　附加地形学代码仅在子域 B 的网格体积中执行。障碍物的表面总是位于各自的壁面法向速度分量 u、v 和 w 被定义的地方（见图 2.2），从而可以通过将各自的壁面法向速度分量设置为零来实现不渗透性边界条件。

　　五阶平流方案是一个例外，在该方案中，邻近障碍物的网格点处的数值模板需要障碍物内的数据。为了避免这种行为，平流方案的顺序在与障碍物相邻的各个网格体积处依次降低，即在障碍物上方/旁边的第二网格点处从第五阶降低到第三阶，在与障碍物直接相邻的网格点处从第三阶降低到第二阶。

　　PALM 中的边界可以水平对齐（底面或顶部，即始终朝上）或垂直对齐（面向北、东、南或西）。在水平表面，PALM 允许我们指定表面值（θ, q_v, s）或规定它们各自的表面通量。后者是垂直定向曲面的唯一选项。地形模拟需要在每个墙面和第一个计算网格点之间应用 MOST。对于垂直墙，假设 MOST 为中性分层。地形学的实现已经被验证过了。Park 和 Baik（2013）扩展了非中性分层的垂直墙边界条件，并根据风洞数据验证了他们的结果。然而，到目前为止，这些修改还没有包含在 PALM 4.0 中。

　　地形的技术实现将在第 4.3 节中概述。

2.6　大规模驱动

　　发生在较大尺度上的过程（一次或多次）通常比在本地可观测系统中考虑的要多，并且影响本地可观测系统尺度的过程必须由额外的源项规定。这些最小二乘过程包括通过地转风的压强梯度、下沉和标量的水平平流求解。在循环边界条件的情况下，这种作用力在水平方向上是均匀规定的，因此只取决于高度和时间。大尺度（large scale, LS）压强（p_{LS}）梯度和地转风之间的关系由下式给出

$$\frac{\partial p_{LS}}{\partial x_i} = -\rho_0 \varepsilon_{i3j} f_3 u_{g,j} \tag{2.6.1}$$

并代入等式（1.1.1）。LS 垂直平流（下沉或上升）趋势可通过以下方式为标量预测变量 $\varphi \in \{\theta, q, s\}$ 指定

$$\left. \frac{\partial \varphi}{\partial t} \right|_{SUB} = -w_{LS}\frac{\partial \varphi}{\partial z} \tag{2.6.2}$$

所谓的下沉速度 w_{LS} 和地转风分量 u_g 和 v_g 可以按梯度指定,也可以在外部文件中提供。此外,外部压强梯度可用于关闭科里奥利力的模拟,这通常是模拟与风洞实验进行比较所需要的。

考虑到不太理想的流动情况,可以规定随时间变化的表面通量(或表面温度和湿度)。而且,LS 水平平流(large scale horizontal advection, LSA)趋势可以用下列方法加到标量上。

$$\left.\frac{\partial \varphi}{\partial t}\right|_{LSA} = -\left(u_{LS}\frac{\partial \varphi_{LS}}{\partial x} + v_{LS}\frac{\partial \varphi_{LS}}{\partial y}\right) \tag{2.6.3}$$

这些趋势通常来源于较大规模的模型或观测,应在较大范围内进行空间平均,以避免局部规模的扰动。

对于给定的大尺度剖面 φ_{LS},通过牛顿张弛逼近技术由 $\varphi \in \{u,v,\theta,q,s\}$ 得出,公式为

$$\left.\frac{\partial \varphi}{\partial t}\right|_{NUD} = -\frac{\langle\varphi\rangle - \varphi_{LS}}{\tau_{LS}} \tag{2.6.4}$$

式中,τ_{LS} 是一个松弛时间尺度,一方面,应选择足够大的时间,大约为几个小时,以允许在 LES 模型中不受干扰地发展小尺度湍流。另一方面,应选择足够小的数值,以考虑天气扰动(Neggers,2012)。以这种方式,轻推可以防止相当大的模型时间浮动。

2.7 海洋选项

PALM 允许通过使用海洋选项来研究海洋混合层(oceanic mixed layer,OML),在海洋选项中,海面被定义在模型的顶部,因此 z 的负值表示深度。此后,我们保留了术语,并使用单词 surface 和指数 0 来表示海面和海洋模型顶部的变量。海洋版本与大气版本的不同之处在于一些修改,这些修改是在代码中通过区分情况来处理的,因此两个版本共享相同的基本代码。特别是,海水浮力和静态稳定性不仅取决于 θ,还取决于盐度 Sa。为了说明盐度对密度的影响,增加了一个预测方程:

$$\frac{\partial Sa}{\partial t} = -\frac{\partial u_j Sa}{\partial x_j} - \frac{\partial}{\partial x_j}(\overline{u''_j Sa''}) + \Psi_{Sa} \tag{2.7.1}$$

式中,Ψ_{Sa} 代表盐度的源和汇项。此外,在等式(2.1.1)的浮力项中,θ_v 由电势密度 ρ_θ 代替

$$+ g\frac{\theta_v - \langle\theta_v\rangle}{\langle\theta_v\rangle}\delta_{i3} \longrightarrow -g\frac{\rho_\theta - \langle\rho_\theta\rangle}{\langle\rho_\theta\rangle}\delta_{i3} \tag{2.7.2}$$

在 SGS-TKE 方程(2.2.8)的稳定性相关项中:

$$+ \frac{g}{\theta_{v,0}}\overline{u''_3\theta'_v} \longrightarrow +\frac{g}{\rho_{\theta,0}}\overline{u''_3\rho''_\theta} \tag{2.7.3}$$

030

在混合长度的计算中：

$$\left(\frac{g}{\theta_{v,0}}\frac{\partial \theta_v}{\partial z}\right)^{-\frac{1}{2}} \rightarrow \left(\frac{g}{\rho_{\theta,0}}\frac{\partial \rho_\theta}{\partial z}\right)^{-\frac{1}{2}} \tag{2.7.4}$$

ρ_θ 是使用 Jackett 等人（2006）提出的算法，根据每个时间步长后的海水状态方程计算的。该算法基于 Sa、θ 和 ρ 的多项式（见 Jackett et al.，2006，表 A2）。只有 p 的初值进入这个方程。

海洋由顶部规定的动量、热量和盐度通量驱动。模型底部的边界条件可以选择为大气运行，包括使用海底地形。

请注意，当前版本的海洋选项没有考虑表面波的影响（例如 Langmuir 环流和波浪破碎）。然而，参数化方案可以在用户界面中提供（见第 4.5 节），并且已经被使用，例如 Noh 等人（2004）。Esau（2014）将目前状态的海洋选项用于海洋混合层的模拟，他通过第 2.8 节中描述的大气-海洋耦合方案研究了间接的空气-海洋相互作用。请注意，关于 OML，以前的大多数 PALM 研究使用了大气模式、z 轴反演和结果的适当归一化，而不是使用相对较新的海洋选项（例如，Noh et al.，2004，2009）。

2.8　海洋-大气耦合模拟

为了研究大气边界层和 OML 湍流过程之间的相互作用，开发了大气和海洋模式的耦合模式。这种耦合是通过两个 PALM 运行（一个大气和一个海洋）之间在海面（边界条件）上的在线信息交换来实现的。大气模式使用恒定通量层，并将热量和水分的运动表面通量以及动量通量传递给海洋模式。海洋和大气之间的通量守恒要求根据水的密度 $\rho_{l,0}$，调整动量通量 $\overline{w''u''_0}$、$\overline{w''v''_0}$：

$$\overline{w''u''_0}\big|_{ocean} = \frac{\rho_0}{\rho_{l,0}}\overline{w''u''_0},\ \overline{w''v''_0}\big|_{ocean} = \frac{\rho_0}{\rho_{l,0}}\overline{w''v''_0} \tag{2.8.1}$$

海水蒸发导致海面冷却，海洋中的热通量依赖于大气中的动态表面热通量和湿度通量，计算公式如下：

$$\overline{w''\theta''_0}\big|_{ocean} = \frac{\rho_0}{\rho_{l,0}}\frac{c_p}{c_{p,l}}\left(\overline{w''\theta''_0} + \frac{L_V}{c_p}\overline{w''q''_0}\right) \tag{2.8.2}$$

式中，$c_{p,l}$ 是恒压下水的比热。由于盐不会蒸发，水的蒸发也会导致海洋表层盐度的增加。这个过程仿照 Steinhorn（1991）在海面上的负（向下）盐度通量：

$$\overline{w''s''_0}\big|_{ocean} = \frac{\rho_0}{\rho_{l,0}}\frac{s}{1000-s}\overline{w''q''_0} \tag{2.8.3}$$

将海面位温和水平速度分量作为表面边界条件传递给大气：

$$\theta_0 = \theta_0\big|_{ocean}, u_0 = u_0\big|_{ocean}, v_0 = v_0\big|_{ocean} \tag{2.8.4}$$

大气和海洋的时间步长是单独设置的，不要求相等。以用户指定的频率执行耦合。目前，这种耦合要求大气和海洋的水平域的大小相等。为了说明海洋中的涡流通常比大气中的涡流小但速度通常较低的事实，在两种模型中使用不同的网格间距

（即海洋模型中更细的网格间距）是有益的。在这种情况下，耦合是通过海面数据场的双向双线性插值实现的。此外，可以对大气和海洋进行不耦合的前驱运行，然后进行耦合的重启运行。通过这种方式，可以减小由于大气和海洋中不同的加速时间而导致的计算负荷。

如上所述，这种耦合在 Esau(2014) 的研究中首次得到成功应用。此外，我们鼓励大气和海洋科学界考虑在未来进一步应用大气-海洋耦合 LES 技术。

第 3 章　PALM模式安装

3.1　Linux 操作系统入门

操作系统是实现控制和管理计算机系统软硬件资源、有效组织多道程序运行以及方便用户的系统软件。常见的操作系统有 Unix/Linux、Dos、Windows、OS/2 和各种嵌入式操作系统。操作系统的性能指标要求就是一定的吞吐量、资源利用率、公平性、实时性、确定性、可靠性和安全性。

3.1.1　Linux 简介

Linux 是一种自由和开放源码的操作系统,存在着许多不同的版本,但它们都使用了 Linux 内核。Linux 可安装在各种计算机硬件设备中,比如手机、平板电脑、路由器、台式计算机等。Linux 出现于 1991 年,是由芬兰赫尔辛基大学(University of Helsinki)学生 Linus Torvalds 和后来加入的众多爱好者共同开发的。

GNU(GNU's Not Unix)计划和自由软件基金会(Free Software Founclation, FSF)是由 Richard M. Stallman 于 1984 年一手创办的。旨在开发一个类似于 Unix 的,并且是自由软件的完整操作系统。到 20 世纪 90 年代初,GNU 项目已经开发出许多高质量的免费软件,如 emacs、bash shell、gcc、gdb 等。

通用公共许可协议(general public license,GPL)有如下特点:

(1)为了任何目的运行该程序(自由使用);

(2)有自由获得源代码的权利,并在此基础上研究程序的运行机制,并可为用户的需要改变该程序;

(3)有自由散发该复制件的权利(自由复制分发);

(4)有自由改进程序,并要求将自己的改进向公众发布的权利(自由改进发布)。

1. Linux 特点与优势

Linux 的特点如下:

(1)与 Unix 系统在源代码级兼容,符合 IEEE POSIX 标准;

(2)自由软件,源码公开;

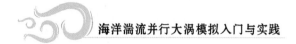

(3)性能高,安全性强;

(4)便于定制和再开发;

(5)应用软件丰富;

(6)具有全面的多用户、多任务和真正的 32 位操作系统;

(7)具有良好的用户界面;

(8)支持多种文件系统与多种硬件平台;

(9)具有强大的技术支持;

(10)网络功能丰富;

(11)设备独立性较强。

Linux 的优势如下:

(1)开放源码系统本质上就具有其他系统无法比拟的研制开发优势;

(2)Linux 受到各国政府的大力支持;

(3)得到全球各大软、硬件公司的支持;

(4)具有价格优势,且安全性高。

2. CentOS

(1)目前的 Linux 操作系统主要应用于生产环境,主流企业级 Linux 系统仍旧是 RedHat 或者 CentOS。

(2)RedHat 和 CentOS 差别不大,CentOS 是一个 RedHat Linux 提供的可自由使用源代码的企业级 Linux 发行版本。

(3)CentOS 独有的 yum 命令支持在线升级,可以即时更新系统,不像 RedHat 那样需要花钱购买支持服务。

3. CentOS 6.4

以下为几个 Linux 版本的下载地址:

CentOS 官网:http://www.centos.org/;

CentOS 网易镜像:http://mirrors.163.com/centos/;

CentOS 北京理工大学镜像:http://mirror.bit.edu.cn/centos/。

3.1.2 Linux 安装

1. 安装环境

Windows7,VMware Workstation9,CentOS6.4。

2. Linux 目录结构（见图 3.1）

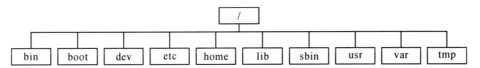

- bin(binaries)存放二进制可执行文件
- sbin(super user binaries)存放二进制可执行文件，只有root才能访问
- etc(etcetera)存放系统配置文件
- usr(unix shared resources)用于存放共享的系统资源
- home存放用户文件的根目录
- dev(devices)用于存放设备文件
- lib(library)存放根文件系统中的程序运行所需要的共享库及内核模块
- boot存放用于系统引导时使用的各种文件
- tmp(temporary)用于存放各种临时文件
- var(variable)用于存放运行时需要改变数据的文件

图 3.1　Linux 目录结构

3.1.3　Linux 常用命令

1. 常用参数

（1）常用参数的具体命令格式为：命令－选项参数（例如：ls-la/usr）。

（2）ls：显示文件和目录列表（list）。

（3）常用参数：-l(long)、-a(all)、-t(time)。

2. Linux 命令的分类

（1）内部命令：属于 Shell 解析器的一部分。

①cd：切换目录（change directory）；

②pwd：显示当前工作目录（print working directory）；

③help：帮助。

（2）外部命令：独立于 Shell 解析器之外的文件程序。

①ls：显示文件和目录列表（list）；

②mkdir：创建目录（make directory）；

③cp：复制文件或目录（copy）。

（3）查看帮助文档。

①内部命令：help＋命令（help cd）；

②外部命令：man＋命令（man ls）。

3. 操作文件或目录常用命令

（1）pwd：显示当前工作目录（print working directory）。

（2）touch：创建空文件。

（3）mldir：创建目录（make directoriy）。

　-p：父目录不存在情况下先生成父目录（parents）；

(4)cp:复制文件或目录(copy)。

　　-r:递归处理,将指定目录下的文件与子目录一并拷贝(recursive)。

(5)mv:移动文件或目录、文件或目录改名(move)。

(6)rm:删除文件(remove)。

　　-r:同时删除该目录下的所有文件(recursive);

　　-f:强制删除文件或目录(force)。

(7)rmdir:删除空目录(remove directoriy)。

(8)cat:显示文本文件内容(catenate)。

(9)more、less:分页显示文本文件内容。

(10)head、tail:查看文本中开头或结尾部分的内容。

　　head-n 5 a.log:查看 a.log 文件的前 5 行;

　　tail-f b.log:循环读取(fellow)。

4.常用命令

(1)wc:统计文本的行数、字数、字符数(word count)。

　　-m:统计文本字符数;

　　-w:统计文本字数;

　　-l:统计文本行数。

(2)find:在文件系统中查找指定的文件。

　　find/etc/-name "aaa"

(3)grep:在指定的文本文件中查找指定的字符串。

(4)ln:建立链接文件(link)。

　　-s:对源文件建立符号链接,而非硬链接(symbolic)。

(5)top:显示当前系统中耗费资源最多的进程。

(6)ps:显示瞬间的进程状态。

　　-e/-A:显示所有进程(包括其他用户);

　　-f:全格式;

　　-a:显示所有用户的所有进程(包括其他用户);

　　-u:按用户名和启动时间的顺序来显示进程;

　　-x:显示无控制终端的进程。

(7)kill:结束一个进程(kill-9pid)。

(8)df:显示文件系统磁盘空间的使用情况。

(9)du:显示指定的文件(目录)已使用的磁盘空间的总和。

　　-h:文件大小以 K、M、G 为单位显示(human-readable);

　　-s:只显示各档案大小的总合(summarize)。

(10)free:显示当前内存和交换空间的使用情况。

(11)netstat:显示网络状态信息。

　　-a：显示所有连接和监听端口；

　　-t(tcp)：仅显示 tcp 相关选项；

　　-u(udp)：仅显示 udp 相关选项；

　　-n：拒绝显示别名，能显示数字的全部转化成数字；

　　-p：显示建立相关链接的程序名。

(12)ifconfig：网卡网络配置详解。

(13)ping：测试网络的连通性。

5. 备份压缩命令

(1)gzip：压缩(解压)文件或目录，压缩文件后缀为 gz。

(2)bzip2：压缩(解压)文件或目录，压缩文件后缀为 bz2。

(3)tar：文件、目录打(解)包。

6. gzip 命令

命令格式：gzip[选项]压缩(解压缩)的文件名。

-d：将压缩文件解压(decompress)；

-l：显示压缩文件的大小；

-v：显示文件名和压缩比(verbose)；

-num：用指定的数字 num 调整压缩的速度，-1 或-fast 表示最快压缩方法(低压缩比)，-9 或-best 表示最慢压缩方法(高压缩比)。系统缺省值为 6。

7. bzip2 命令

命令格式：bzip2[-cdz]文档名。

-c：将压缩的过程的数据输出到屏幕上；

-d：解压缩的参数(decompress)；

-z：压缩的参数(compress)；

-num：用指定的数字 num 调整压缩的速度，-1 或-fast 表示最快压缩方法(低压缩比)，-9 或-best 表示最慢压缩方法(高压缩比)。系统缺省值为 6。

8. tar 命令

-c：建立一个压缩文件的参数指令(create)；

-x：解开一个压缩文件的参数指令(extract)；

-z：是否需要用 gzip 压缩；

-j：是否需要用 bzip2 压缩；

-v：压缩的过程中显示文件(verbose)；

-f：使用档名，在 f 之后要立即接档名(file)。

9. 关机/重启命令

(1)shutdown：系统关机。

　　-r：关机后立即重启；

　　-h：关机后不重新启动。

(2)halt:关机后关闭电源。

(3)reboot:重新启动。

10.学习 Linux 的好习惯

(1)善于查看 man page(manual)等帮助文档。

(2)利用好 Tab 键。

(3)掌握好一些快捷键。

ctrl+c:停止当前进程；

ctrl+r:查看历史命令；

ctrl+l:清屏,与 clear 命令作用相同。

3.1.4　VIM 文本编辑器

VI/VIM 是 Unix/Linux 上最常用的文本编辑器,而且功能非常强大。只有命令,没有菜单。

1.VIM 工作模式(见图 3.2)

图 3.2 简单展示了 VIM 的工作模式。

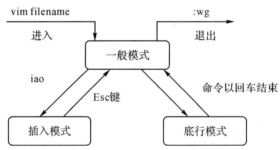

图 3.2　VIM 工作模式

2.插入命令(见表 3.1)

表 3.1　插入命令

命令	含义
i	在光标前插入
I	在光标当前行开始插入
a	在光标后插入
A	在光标当前行末尾插入
o	在光标当前行的下一行插入新行
O	在光标当前行的上一行插入新行

3.定位命令(见表 3.2)

表 3.2　定位命令

命令	含义
:set nu	显示行号
:set nonu	取消行号
gg	到文本的第一行
G	到文本的最后一行
:n	到文本的第 n 行

4.删除命令(见表 3.3)

表 3.3　删除命令

命令	含义
x	删除光标所在处字符
nx	删除光标所在处后的 n 个字符
dd	删除光标所在行。ndd 表示删除 n 行
dG	删除光标所在行到末尾行的所有内容
D	删除光标所在处到行尾的内容
:n1,n2d	删除指定范围的行

5.替换和取消命令(见表 3.4)

表 3.4　替换和取消命令

命令	含义
u	undo 表示取消上一步操作
Ctrl+r	redo 表示返回到 undo 之前
r	替换光标所在处的字符
R	从光标所在处开始替换,按 Esc 键结束

6.常用快捷键(见表 3.5)

表 3.5　常用快捷键

命令	含义
Shift+zz	保存退出,与":wq"作用相同
v	进入字符可视模式

续　表

命令	含义
v 或 Shift＋v	进入行可视模式
Ctrl＋v	进入块可视模式

3.1.5　用户和组账户管理

Linux 操作系统是一个多用户操作系统,它允许多用户同时登录到系统上并使用资源。系统会根据账户来区分每个用户的文件、进程、任务和工作环境,使得每个用户工作都不受干扰。

1.配置文件

(1)保存用户信息的文件:/etc/passwd;

(2)保存密码的文件:/etc/shadow;

(3)保存用户组的文件:/etc/group;

(4)保存用户组密码的文件:/etc/gshadow;

(5)用户配置文件:/etc/default/useradd。

2./ect/passwd 格式

使用命令:man 5 passwd

account:password:UID:GID:GECOS:directory:shell

字符含义如表 3.6 所示。

表 3.6　字符含义

字符	含义
用户名	用户登录系统的用户名
密码	密码位
UID	用户标示号
GID	默认组标示号
描述信息	存放用户的描述信息
宿主目录	用户登录系统的默认目录,默认是在 home 下
命令解析器	用户使用的 shell,默认是 bash

3.Linux 用户分类

(1)超级用户:(root,UID＝0)。

(2)普通用户:(UID 为 500 到 60000)。

(3)伪用户:(UID 为 1 到 499)。

①系统和服务相关的：bin、daemon、shutdown 等；

②进程相关的：mail、news、games 等；

③伪用户不能登录系统，而且没有宿主名录。

4./etc/shadow 格式

查看命令：man 5 shadow

字符含义如表 3.7 所示。

表 3.7 字符含义

字符	含义
用户名	登录系统的用户名
密码	加密密码
最后一次修改时间	用户最后一次修改密码距现在的天数，从 1970-1-1 起
最小时间间隔	两次修改密码之间的最小天数
最大时间间隔	密码有效天数
警告时间	从系统警告到密码失效的天数
账号闲置时间	账号闲置时间
失效时间	密码失效的天数
标志	标志

5.用户组

(1)每个用户至少属于一个用户组；

(2)每个用户组可以包含多个用户；

(3)同一个用户组的用户享有该组共有的权限。

6./etc/group 格式

该格式命令的字符含义如表 3.8 所示。

表 3.8 字符含义

字符	含义
组名	用户所在的组
组密码	密码位，一般不使用
GID	主标示号
组内用户列表	属于该组的用户列表

7.操作用户命令

(1)添加用户命令：useradd。

　-u：指定 userID(uid)；

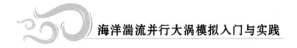

　　-g：指定所属的组名(gid)；

　　-G：指定多个组，用逗号","分开(Groups)；

　　-c：用户描述(comment)；

　　-e：失效时间(expire date)。

例子：useradd-u 888-g users-G sys,root-c "hr zhang" zhangsan

　　　　passwd zhangsan

(2)**修改用户命令**：usermod(user modify)。

　　-l：修改用户名(login)usermod-l a b(b 改为 a)；

　　-g：添加组 usermod-g sys tom；

　　-G：添加多个组 usermod-G sys,root tom；

　　-L：锁定用户账号密码(Lock)；

　　-U：解锁用户账号(Unlock)。

(3)**删除用户命令**：userdel(user delete)。

　　-r：删除账号时同时删除目录(remove)。

(4)**添加组**：groupadd。

　　-g：指定 gid。

(5)**修改组**：groupmod。

　　-n：更改组名(new group)。

(6)**删除组**：groupdel。

(7)groups 显示用户所属组。

3.2　准备环境变量

3.2.1　下载

　　如果您有兴趣使用或测试代码，请先创建一个账户。您可以通过这个账户访问 PALM，并登录网站提交故障单，还可以通过电子邮件了解 PALM 的最新更新情况。登录您的账户，您可以通过 svn 下载代码。如果您还有其他问题，请联系 giersch@muk. uni-hannover. de。

　　我们感谢任何关于 PALM 的评论，这有助于我们改进 PALM 文档。如果您是注册用户，请通过电子邮件联系我们，或者直接发送故障单。

3.2.2　PALM 安装

　　本小节简要介绍 PALM 在 Linux 系统上的安装方法。我们区分了计算机上的两种类型。第一个是本地计算机(或本地主机)，它是您当前所用的计算机或通过终端(secure shell，ssh)登录的计算机;第二个是远程计算机(或远程主机),它是具有批处理系统的计算机,您可以对其进行 ssh 访问。典型的远程计算机是高性能计算(high performance computing，HPC)设施,即超级计算机,您的远程(超级)计算机在通过 ssh 登录后立即成为您的本地计算机。

在 Linux/Unit 系统上安装和运行 PALM 有三种方法(在开始之前,请阅读软件要求):

①自动安装程序;

②完全手动安装;

③一个最低限度的手工安装方法的基准。

我们建议从使用自动安装程序的本地安装开始,然后按照完全手动安装小节中的说明将该安装扩展到完整安装。

使用自动安装程序和简化的手动安装方法,您可以在本地计算机上运行 PALM,它不支持在本地或远程计算机上设置批处理作业的创建和重新启动运行。因此,这些方法只适合那些喜欢快速测试 PALM 的用户。但是,正如前面指出的,您可以使用自动安装程序作为完全手动安装的基础。

手动安装可以完全实现 PALM 的所有功能。应该选择它来设置 PALM 在本地或远程计算机上进行批处理模式运行(参见软件要求)。它允许在本地主机上提交作业,同时指示 palmrun 在所需的远程主机上执行作业。然后,PALM 的输出自动传输回本地计算机。当然,手动安装也可以用于在本地计算机上以交互模式使用 PALM。

如果安装过程中出现问题,可以前往官网(https://palm. muk. uni-hannover. de/trac)查看。

3.2.3　硬件要求

PALM 可以运行在所有多核工作站处理器和许多不同的 HPC 系统上。此外,PALM 最近已经被移植到图形处理单元(graphics processing unit，GPU),如 NVidia Tesla 系列,以及许多核心处理器架构,如 Intel Xeon Phi Knights Landing。

3.2.4　软件要求

安装和操作 PALM 至少需要(对于本地和远程主机的高级方法,除非另有说明):

①bash shell。

②版本号不早于 3.6.3 的 NetCDF 库(有关 NetCDF,请参见 http://www. unidata. ucar. edu)。

③Fortran 2003 编译器(对于 gfortran,使用版本号为 6.2.1 或更高)。

④消息传递接口（message passing interface，MPI），至少在远程主机上，如果是 PALM 应使用的并行版本。

⑤在本地主机上，修订控制系统 Subversion，它已经是大多数 Linux 发行版的一部分。用户需要用户名和密码的组合才能访问 PALM 存储库。为了获得许可证，请使用注册表创建一个账户。

在批处理模式下使用 PALM 还需要：

⑥本地或远程主机上的作业排队系统。

⑦与远程主机之间的 SSH/scp 链接不能被防火墙阻止，并且需要使用 SSH-key 实现无密码链接。

注意：如果您使用的是与 Ubuntu 16.04 或更新版本相关的 Linux 发行版，通过以下命令将在您的本地系统中直接安装所有的 PALM 需求：

apt-get install subversion cmake gfortran mpich libmpich-dev libnetcdff-dev netcdf-bin libfftw3-dev python3-pip

非常重要的是，您的 NetCDF 和 MPI 库必须使用与编译 PALM 相同的 Fortran 编译器构建。此外，对于具有并行 I/O 支持的 NetCDF4 库，需要使用与编译 PALM 时相同的 MPI 库来构建 NetCDF 库。

3.3　自动安装模式

安装 PALM 最简单的方法是使用自动 PALM 安装脚本（beta 版）。安装时请确认以下几点：

①符合 3.2 节的要求；

②下载自动安装脚本；

③打开终端，进入下载目录，通过输入 bash palm_installer 执行脚本。

该脚本将指导您完成安装。如果适用，不要忘记预先加载所有需要的软件模块（编译环境、MPI、NetCDF、FFTW 等）。如果在执行时附加选项——RRTMG，那么该脚本可以帮助您安装 RRTMG 库。

注意：此脚本目前无法处理批处理系统。只有本地安装和交互式 MPI 执行是可能的。

如果自动安装程序运行没有问题，请切换到您的工作目录。您将发现，已经生成了默认配置和参数文件。您应该看到默认的配置文件 .palm.config.default。此外，参数文件 job/example_cbl/INPUT/example_cbl_p3d 也应该存在。这是一个 Fortran-Namelist 文件，用于定义模拟设置和引导 PALM 模拟。

如果安装过程中出现问题，可以前往官网（https://palm.muk.uni-hannover.de/trac）查看常见问题解答（frequently asked questions，FAQ）。

安装可能会因某种原因而失败，例如由于用户的系统配置不匹配。如果用户安装的 NetCDF 库是使用与编译 PALM 不同的编译器生成的,那么可能会出现问题。此外,自动安装程序不能用于许多大型计算机系统,在这些系统中,MPI 执行只能通过批处理系统运行。在所有这些情况下,用户必须手动设置配置文件。

3.4　手动安装模式

在开始安装之前,请先检查是否满足了所有的安装要求。

自动安装程序通常关心下面描述的步骤。自动安装的失败通常是由软件环境中的不一致性(例如编译器、NetCDF-和 MPI-库之间不匹配)引起的,这也会导致手动安装失败。无论如何,至少部分安装步骤可能需要手工进行。例如,如果您的系统有一个非常严格的防火墙,并且不允许从我们的存储库下载,那么您可以在另一个系统上执行下载(下面的第二步),并将/trunk 文件夹复制到您的目标系统中,然后再继续进行自动安装程序。

批量作业的安装和配置不能由自动安装程序完成,并且在任何情况下都需要手工完成,如下文所述。

3.4.1　第一步:创建目录

第一个安装步骤是在本地创建一组目录,对于高级方法,需要在远程主机上创建一组目录。包括:

```
～/job_queue
～/palm
～palmcurrent_version
～palmcurrent_version/JOBS
```

可以通过调整配置文件自由地选择这些目录的名称,但是新用户应该按照建议选择它们,因为本文档中的许多示例以及所有示例文件都是基于这些设置的。从现在开始,本地主机上的目录～palmcurrent_version 将被称为工作目录。

3.4.2　第二步:包下载

在第二步中,必须通过输入以下命令将最近 PALM 修订的工作副本(包括源代码、脚本、辅助例程等)复制到工作目录中。将〈your username〉替换为您在注册表中选择的名称。

```
  cd ～/palm/current_version
svn checkout-- username<your username>
https://palm.muk.uni-hannover.de/svnpalmtrunk trunk
```

然后系统会提示您输入您的账号密码。完成后,工作目录中将出现一个子目录主干。它包含更多的子文件夹,例如 PALM 源代码(源代码)和运行 PALM 的脚本(脚本)。如果 svn 命令有问题,最可能的原因是系统上的防火墙设置。请检查或询问您的系统管理员,https-ports 是否打开。

上面的 svn checkout 命令为您提供了 PALM 的最新修订版本(开发人员版本)。如果您想使用固定版本,请输入:

```
svn checkout-- username< your username>
https://palm.muk.uni-hannovcr.dc/svnpalmtags/release-<#>  trunk
```

3.4.3　第三步:包配置

PALM 的编译和执行主要由两个名为 palmbuild 和 palmrun 的 shell 脚本控制,这两个脚本是下载的一部分,位于文件夹脚本中。要使用这些脚本,您需要通过添加一行来扩展您的路径变量:

```
  export PATH=$ HOMEpalmcurrent_version/trunk/SCRIPTS:$ PATH
```

在你的.bashrc 文件中,更改将在新打开的终端中起作用。你需要输入:

```
  source  $ HOME/.bashrc
```

以便在您现有的终端会话中激活它。

palmbuild 和 palmrun 由主配置文件中的选项和设置控制,这些选项和设置将位于工作目录中。你可以从库中得到这个文件的默认版本:

```
  cd ～/palmcurrent_version
  cp trunk/SCRIPTS/.palm.config.default .palm.config.default
```

最后一个点之后的字符串(这里默认)是所谓的配置标识符,您可以自由选择。

您刚才复制的默认配置文件包含 Intel 编译器、FFTW-库和 NetCDF4 库的设置,您需要根据您的环境进行调整。有关此文件中项的格式和含义,请参阅 3.6.3 配置和编译。默认设置是在交互模式下运行 PALM。

可在系统中替换角括号中的字符串〈…〉来设置您所需要的值。您需要取消注释行(通过删除第一列中的♯)才能在批处理模式下使用 PALM。该文件包含的默认批处理指令是针对 Cray-XC40 上的 Torque/MOAB 批处理系统的。您可能还需要将这些设置调整到您的批处理系统。

警告：在编辑配置文件时，请不要使用 Tab 键；否则，脚本可能会出现非常混乱的错误。

除了默认配置文件.palm.config.default 之外，文件夹 trunk/SCRIPTS 还包含了其他的配置文件，这些文件已经针对特定的环境进行了调整，例如.palm.config.crayh 可以用于 HLRN 中的 Cray-System 等。这些文件必须按照上面描述的方式进行编辑。

3.4.4 第四步：编译 PALM 源代码

修改配置文件后，可以通过输入来编译 PALM 源代码和 helper 例程：

```
cd ~/palm/current_version
palmbuild-c default
```

选项-c default 可以省略，因为 default 是默认值。palmbuild 将提示一些查询选项，需要查询可键入"y"。根据在配置文件中设置的编译器优化选项，编译可能需要 10 分钟。palmbuild 使用 make 机制。依赖关系在 Makefile 中描述。palmbuild 在工作目录中创建一个文件夹 MAKE_DEPOSITORY_〈配置标识符〉（在默认情况下是 MAKE_DEPOSITORY_default）。

3.4.5　第五步：安装验证

在编译完成之后，必须对 PALM 安装进行验证。为此，需要使用脚本 palmrun 启动一个简单的测试运行。除了配置文件之外，palmrun 还需要一个参数文件。测试运行所使用的参数文件必须包含以下代码：

```
cd ~/palm/current_version
mkdir-p JOBS/example_cbl/INPUT
cp trunk/TESTS/cases/example_cbl/INPUT/example_cbl_p3d JOBS/example_cbl/INPUT/example_cbl_p3d
```

这里，字符串 example_cbl 充当所谓的运行标识符。现在可以通过输入代码开始测试运行：

```
palmrun-r example_cbl-c default-X4-a "d3#"
```

有关可用选项的详细说明，请参阅 4.3 节代码结构。这个特定的运行将在 4 个核心上执行（如果在您的系统上可用，您可能需要调整-X 选项）。这次运行的大多

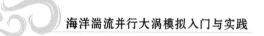

数重要设置都显示在终端窗口中,窗口将提示您如果需要继续可键入"y"。有关模拟过程的信息将输出到终端。palmrun 完成后,您可在文件夹 JOBS/example_cbl/MONITORING 中找到一些结果文件。请比较一下文件的内容:

~/palm/current_version/JOBS/example_cbl/MONITORING/example_cbl_rc

在文件位置 trunk/TESTS/cases/example_cbl/MONITORING/example_cbl_rc 下提供的示例结果文件,可通过使用标准的 diff 命令调用:

cd ~/palm/current_version
diff JOBS/example_cbl/MONITORING/example_cbl_rc trunk/TESTS/
cases/example_cbl/MONITORING//example_cbl_rc

如果您使用的是最新的 PALM 修订版本,除了文件头顶部显示的运行日期和时间之外,这两个文件并无任何区别。如果文件内容相同,则安装成功完成。

3.5 大型集群安装

3.5.1 在批处理模式下 PALM 的安装

1.在本地机器上安装批处理作业

在本地计算机上以批处理模式运行 PALM(要求登录的计算机有一个批处理系统在运行)需要向配置文件添加适当的批处理指令,以及 local_jobcatalog、defaultqueue、memory 和 submit_command 等变量的设置。可能还需要设置 module_commands 和 login_init_cmd。为了在批处理模式下运行 PALM,安装过程与上面描述的相同,但是 palmrun 需要额外的选项,可能看起来像这样:

palmrun-r example_cbl-c default-X4-T4-t200-m1000-a "d3#"-q testqueue-b

b 选项对于 palmrun 生成和提交批作业非常重要。否则,它将尝试在您的终端会话中交互地执行 PALM。同样,在执行批处理作业之后,可以在文件夹 JOBS/example_cbl/MONITORING 中找到用于验证安装的结果文件。批处理作业的协议文件(通常由每个批处理系统创建)可以在 local_jobcatalog 设置的文件夹中找到,该文件夹的名称为〈configuration identifier〉_〈run identifier〉,在给定的示例中为 default_example_cbl。

2.远程计算机上的批处理作业

按照上面描述的安装步骤,除了本地批处理作业的设置外,安装在远程机器上运行批处理作业的 PALM 需要进一步配置文件中的条目,至少需要变量 remote_ip remote_username, remote_jobcatalog。假设有一个配置文件. pal. config. remote_system, PALM 可以通过以下命令对其编译：

```
palmbuild-c remote_system
```

使用 scp 命令调用远程编译器将 PALM 源代码从您的本地计算机复制到远程系统，并使用 ssh 调用远程编译器。二进制文件将放在远程系统上的文件夹 $ HOME/palmcurrent_version/MAKE_DEPOSITORY_remote_system 中。

要使用 palmrun，必须向配置文件中添加额外的批处理指令，以便传输回作业协议文件。生成测试运行的 palmrun 命令，然后读取。

```
palmrun-r example_cbl-c remote_system-X4-T4-t200-m1000-a "d3#"-q testqueue
```

palmrun 通过 scp 将结果文件传输回来。在远程系统上的作业完成后，您应该在本地系统上的文件夹 JOBS/example_cbl/MONITORING 下的名称 remote_system_example_cbl_rc 中找到它。作业协议文件也将被复制到 local_jobcatalog 设置的文件夹中。

使用 palmbuild 和 palmrun 在远程机器上安装和运行 PALM 需要通过 scp 和 ssh 进行无密码登录，下一小节将介绍这一点。

3.5.2　通过 ssh 进行无密码登录

所有主机（本地和远程）都可以通过 ssh 访问。用户必须使用私有/公钥机制建立无密码登录。为了确保 palmbuild 和 palmrun 的正常功能，必须在从本地到远程主机以及从远程到本地主机的两个方向上建立无密码登录。在本地主机上进行测试，例如：

```
ssh <username on remote host>@<remote IP-address>
```

在远程主机上：

```
ssh <username on local host>@<local IP-address>
```

请注意，在远程主机内的无密码登录也需要建立主机自身的 ssh 链接（例如，从计算节点到登录节点的链接）。通过执行以下指令可以在远程主机中测试：

```
ssh <username on remote host>@<remote IP-address>
```

3.5.3　安装新的/其他版本

所有的代码修订都记录在 doc/tec/changelog 中。PALM 组通过 PALM 邮件列

表公布主要的代码修订。

通常有两种安装新/其他版本的方法。您可以从可用的 PALM 版本列表中选择一个版本,也可以使用最新的 PALM 开发人员版本更新当前安装。

如果您以前使用过 PALM 开发人员版本,可使用以下命令调用:

```
svn checkout ...palmtrunk trunk
```

通过以下指令,您可以很容易地更新到最新的修订版:

```
cd ~/palm/current_version
svn update trunk
```

这将更新文件夹主干中的工作副本(即 PALM 存储库的工作副本)中的所有文件。如果您修改了主干的内容,则由于 subversion 规则,更新可能会失败。如果与存储库有冲突,请参阅 PALM 文件目录下的 subversion 文档了解如何删除。为了避免这种冲突,应该省略对默认 PALM 代码的修改,并且只局限于用户界面,除非您是 PALM 开发人员。

或者,您可以在不同的目录中安装新的或其他版本,例如:

```
mkdir ~/palm/release-4.0
cd ~/palm/release-4.0
svn checkout--username <your username>
https://palm.muk.uni-hannover.de/svnpalmtags/release-4.0 trunk
```

但是,这需要再次执行上面描述的完整安装过程。到目前为止,不同版本的 PALM 不能同时使用。

编译后的 PALM 必须通过以下方式更新:

```
palmbuild-c default
```

或您正在使用的任何其他配置文件。

您可以使用 subversion 对不同版本之间的代码进行比较。此外,可以将修改后的代码提交到存储库,但这仅限于 PALM 开发人员。

如果您想在修改配置文件后通过 palmbuild 重新编译 PALM(如果您修改了编译器选项或切换到其他库),您需要在所有的源文件上预先应用 touch 命令:

```
touch trunk/SOURCE/*
```

否则 make 机制将不会检测到任何需要编译的源文件。作为一种替代方法,您可以在调用 palmbuild 之前删除 MAKE_DEPOSITORY 文件夹,而不是使用文件,但随后应重新编译完整的代码。

最后一步,应该进行适当的测试运行。应该仔细检查新修订所产生的结果与旧版本的结果有何不同,以及为何不同。

3.5.4　多用户集中安装

有多个用户的工作组,他们只应用 PALM 代码,不需要修改存储库的工作副本,PALM 只需要安装一次。系统管理员(或任何其他人)必须按照上面的描述进行安装。假设储存库(trunk 文件夹)的工作副本位于/path_to_the_central_installation 文件夹中,并且在该文件夹中创建了一个配置文件. palm. config. default,那么每个用户都必须创建自己的工作目录:

```
mkdir  $ HOME/palm/current_version/JOBS
cd  $ HOME/palm/current_version
cp /path_to_the_central_installation/. palm. config. default
```

然后编辑复制的配置文件,修改文件夹路径:

```
%base_directory        /path_to_the_central_installation
%source_path           /path_to_the_central_installation/trunk/SOURCE
%base_data             ～/palm/current_version/JOBS
%user_source_path
$ HOME/palm/current_version/JOBS/ $ run_identifier/USER_CODE
%local_username        <replace with your username>
%fast_io_catalog       <replace with your fast file system folder>
```

每个用户都将使用 PALM 的预编译版本,该版本是在配置标识符默认情况下为集中安装创建的。只能使用此配置标识符调用 palmrun(palmrun-c default …)。如果需要其他配置,则必须由管理员在集中安装时创建。

```
  cp
/path_to_the_central_installation/trunk/SCRIPTS/. palm. config. default
/path_to_the_central_installation/. palm. config. config_new
  # edit . palm. config. config_new
  cd /path_to_the_central_installation
  palmbuild -c config_new
```

之后,用户需要复制和修改上面描述的配置文件,并可以利用 palmrun-c config_new …。

3.6　简易安装

简易安装方法是使用 palm_simple_build 和 palm_simple_run 脚本来安装和运行 PALM。

3.6.1　第一步：创建目录

```
mkdir-p ～/palm/current_version/
```

您可以自由地选择目录名，但是如果您打算稍后切换到运行 palm 的高级方法，那么您应该使用～/palm/current_version。从现在起，这个目录被称为工作目录。

3.6.2　第二步：包下载

从 svn 存储库中检出最新 PALM 版本的工作副本。用有效的存储库用户名替换〈your username〉。

```
cd ～/palm/current_version
svn checkout--username < your username>
https://palm.muk.uni-hannover.de/svnpalmtrunk trunk
```

系统会提示您输入密码。完成后，工作目录中将出现一个子目录主干。它包含更多的子目录，例如 PALM 源代码（源代码）和运行 PALM 的脚本（脚本）。

除了本安装说明后面描述的配置文件外，请不要修改 PALM 工作副本中的任何文件。

3.6.3　第三步：配置和编译

要在不指定整个路径的情况下使用 PALM 脚本，必须扩展路径变量。为了方便，应该在用户默认 shell 的各个配置文件中进行设置（例如，在. bashrc 中，如果使用 bash）：

```
export PATH = $ HOME/palm/current_version/trunk/SCRIPTS: $ PATH
```

您可能需要重新启动 shell 才能激活配置文件设置。

3.6.4　第四步：调用安装脚本

```
palm_simple_build-b <build-config>
```

〈build-config〉必须被以 MAKE.inc 开头的安装目录中的文件的后缀重新替换，并包含适合您系统的编译器选项和库路径。您可以在存储库的安装目录中找到一些带有编译器选项集的经过测试和验证的文件。

如果这些集合中没有一个满足您的需求，那么只需选择任意一个，并在后面的步骤中修改它（参见下面的步骤）。该脚本将 PALM 源代码以及带有这组编译器选项的文件复制到新的目录 BUILD_〈build-config〉中，并调用 make 来编译代码。

3.6.5　第五步：测试运行

进行测试运行，以检查安装。测试运行（与每次 PALM 运行一样）需要一个用于指导 PALM 的参数文件，该文件采用 Fortran-Namelist 格式。可以在安装目录中找到一些测试安装文件。PALM 由后缀为_p3d 的脚本启动。与构建配置文件类似，在安装目录中也有一些预配置的执行配置文件。它们从 RUN.cmd 开始。并以任意后缀〈run-config〉结束，并包含依赖于您正在使用的 MPI 库和正在使用的计算机的 MPI 执行命令（mpiexec、mpirun 等）。利用 MPI-execution 命令调整为所需要的结果后，开始运行：

```
palm_simple_run-b < build-config> -c < run-config> -s < test-case> -p < mpi-ranks> -n < mpi-ranks-per-node> -t < openmp-threads>
```

选项-s 给出要使用的参数文件（测试用例）。另外，选项-p 给出 MPI 的总秩数，-n给出每个节点的 MPI 数，-t 给出 OpenMP 线程数。

运行结束后，所有的输出文件都可以在目录 RUN_〈build-config〉_〈run-config〉_〈test-case〉_〈mpi-rank〉_〈mpi-ranks-each-node〉_〈openmp-threads〉中找到。

3.6.6　第六步：验证算例

验证本例运行的结果，将其与默认结果进行比较：

```
diff RUN_<build-config> _<run- config> _<test-case> _.../RUN_CONTROL
trunk/INSTALL/< test-case> _rc
```

这两个文件没有任何区别，除了文件头顶部显示的运行日期和时间，以及可能使用的内核数量。如果文件内容相同，则安装成功完成。

第 4 章　模式技术

4.1　代码结构

4.1.1　概述

（1）PALM 是基于 Fortran2008 编写的，当前版本为 6.0。

（2）除了一些例外，代码使用的是 Fortran 标准，因此在 Fortran 2003/2008 编译器上应该都可进行编译。

（3）依赖于机器的代码段，例如来自外部库（NetCDF 或者 FFTW）的例程调用，可能在某些机器上不可用，可使用预处理指令激活。

（4）串行和并行（MPI）PALM 版本也由预处理指令激活。

（5）代码被分在几个文件里，每一个文件包括：

①单个模块（以_mod. f90 结束），包括几个相关的子程序；

②单个子程序，例如文件 parin. f90 包含 SUBROUTINE parin。

（6）PALM 包含一个特殊的用户模块（user_module. f90），用于添加用户编写的额外代码。

（7）为什么你需要使用 user_module 而不是直接修改源代码？

（8）在未来的 PALM 版本中，user_module 基本不会有变化，可以在更新的版本中重复使用，而不需要进行大量的更改。

4.1.2　基本结构

模式技术的代码基本结构如图 4.1 所示。

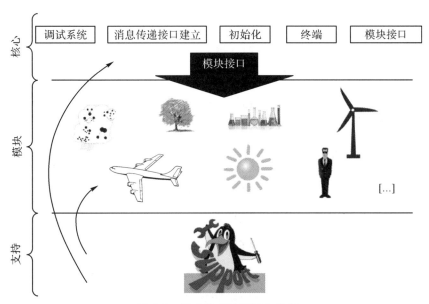

图 4.1　模式技术代码基本结构

4.1.3　代码结构

图 4.2 展示了 PALM 所使用的代码结构。

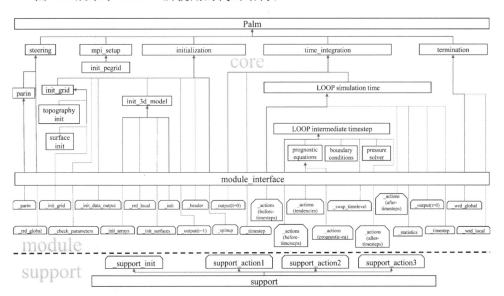

图 4.2　PALM 代码结构

4.1.4 细节展示

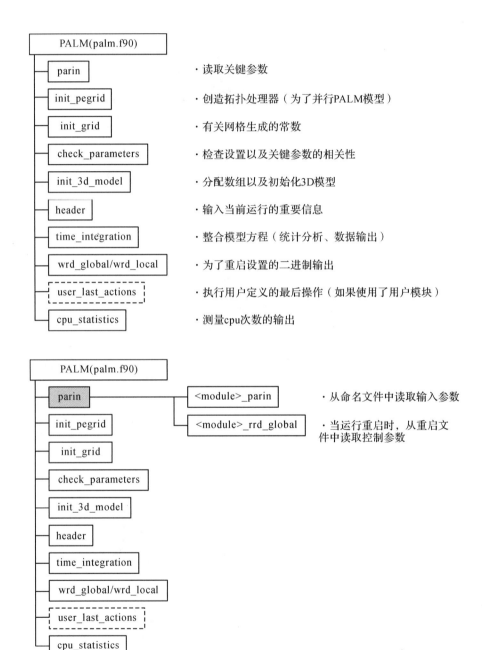

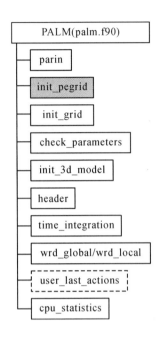

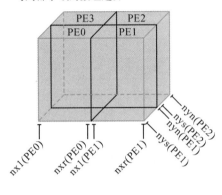

·虚拟地形处理器的控制（如果使用者并未进行设置）以及网格点的计算与局部子域的数组边界

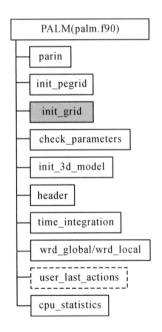

·在PALM网格上进行标准网格坐标的预计算

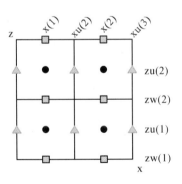

海洋湍流并行大涡模拟入门与实践

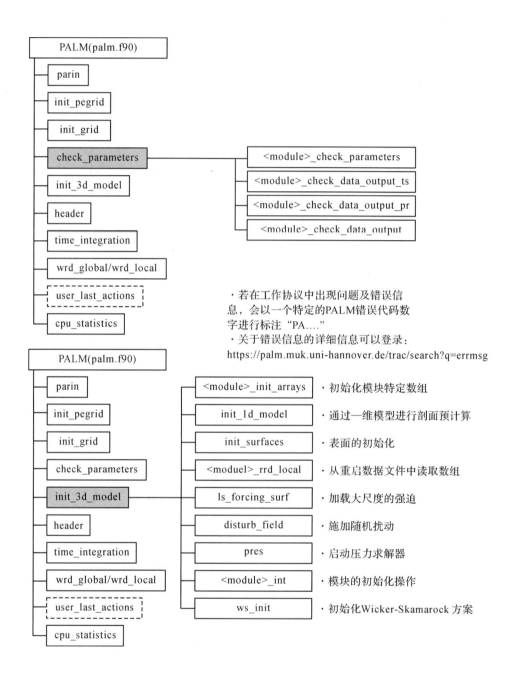

· 若在工作协议中出现问题及错误信息，会以一个特定的PALM错误代码数字进行标注 "PA...."
· 关于错误信息的详细信息可以登录：
https://palm.muk.uni-hannover.de/trac/search?q=errmsg

· 初始化模块特定数组
· 通过一维模型进行剖面预计算
· 表面的初始化
· 从重启数据文件中读取数组
· 加载大尺度的强迫
· 施加随机扰动
· 启动压力求解器
· 模块的初始化操作
· 初始化Wicker-Skamarock 方案

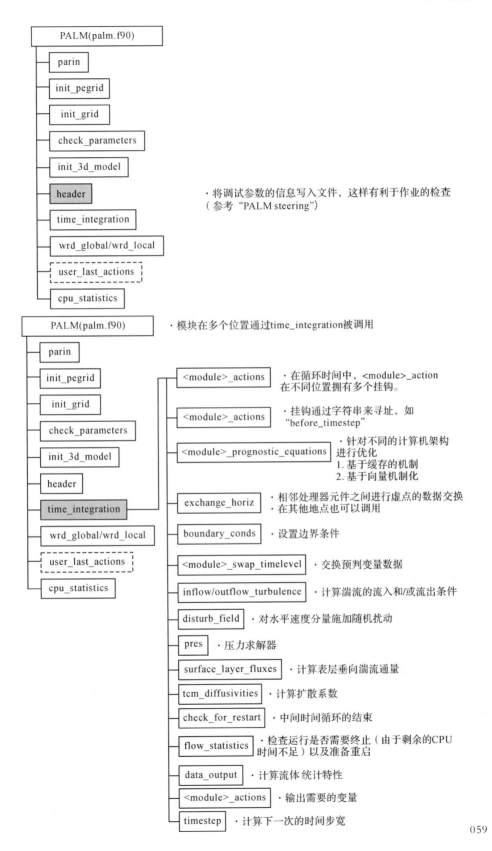

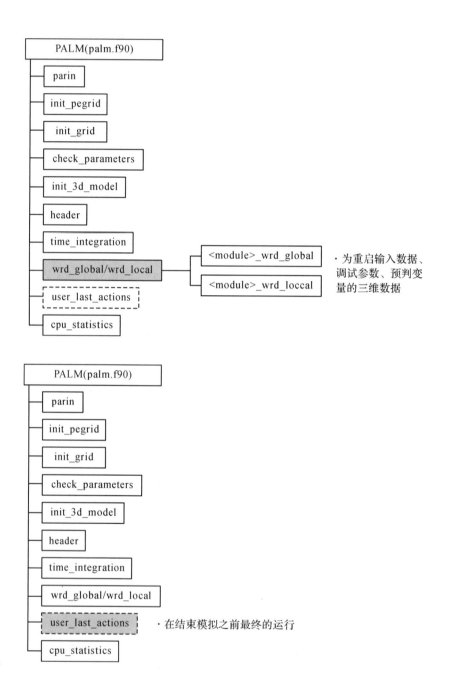

4.1.5　内容

下文分别从全局变量、预处理指令、使用 Doxygen 自动文件、重要的变量及其声明等四个方面进行阐述。

4.1.6　全局变量

在 modules.f90 中定义全局变量和参数，在 PALM 多个模块中使用的只有变量。

在不同模块中进行定义，例如，pt 定义在 arrays_3d：

```
MODULE arrays_3d
[...]
    REAL(wp), DIMENSION(:,:,:), ALLOCATABLE, TARGET :: pt
[...]
END MODULE
```

在其他程序中使用语句来加载变量：

```
SUBROUTINE buoyancy( var, wind_component )

   USE arrays_3d,                              &
       ONLY:  pt, pt_slope_ref, ref_state, tend

   USE control_parameters,                     &
       ONLY:  atmos_ocean_sign, cos_alpha_surface
[...]

END SUBROUTINE buoyancy
```

4.1.7　预处理指令

预处理器指令是代码中的特殊行，基于所谓的定义字符串开关允许编译其他的代码部分。

```
#if defined ( __parallel )
    CALL MPI_ALLREDUCE( a, b, nzt-nzb, MPI_REAL, MPI_SUM,
                        comm2d, ierr )
#else
    b = a
#endif
```

如果编译器被调用，ifort fpp D_parallel，则♯if 分支会被编译。

如果编译器被调用时没有 D_parallel 选项，则♯else 分支将会被编译。

预处理指令需要包含 cpp 选项。

在 palmrun 配置文件的％cpp_options 行中必须给出预处理指令（.palm. config.⟨ci⟩，参考 4.3 节代码调试），不同的编译器可能有不同的预处理器选项。

可以使用逻辑和（&&）/或（‖）操作符组合定义字符串开关：

```
#if defined( __abc && __def )
#if defined( __abc || __def )
```

可以使用逻辑否操作符：

```
#if ! defined( __abc )
```

额外使用预处理器的指令替换代码中的字符串：

```
%cpp_options -cpp -DMPI_REAL=MPI_DOUBLE_PRECISION
```

在编译之前，将 MPI_REAL 替换成 MPI_DOUBLE_PRECISION before。

调用 ON/OFF 进入模块，如拉格朗日粒子模型。

不需要的代码不被编译，这样可以缩短编译时间，减少内存消耗。

在 PALM 中使用的字符串开关定义如表 4.1 所示。

表 4.1　字符串开关定义

PALM mode	_parallel	并型 PALM 版本
System specific	_ibm	IBM Regatta systems
	_nec	NEC-SX systems
Software specific	_intel_compiler	Compilers
	_mpifh	Old MPI libraries
	_netcdf, _netcdf4, _netcdf4_parallel	NetCDF I/O with different NetCDF versions
	_fftw	Fast FFT
	_rrtmg	Radiative transfer model
	_rrtmg	External radiation model library (see lecture)

为了编译，设置在.palm.config.⟨ci file⟩文件中％cpp_options 下方的开关可以通过 palmbuild 自动被使用。

4.1.8　使用 Doxygen 自动文档

Doxygen 是用于从 C++源代码中生成文档的标准工具（见图 4.3），同时它也支持其他程序语言如 Fortran。

通过标签从源代码中生成自动文档。

当前应用在 PALM 中的标签如下：

变量的说明	REAL：：ol ! Obukhov length
文件/程序描述	!〉This Routine does things
列表制作	!〉@todo Missing implementation of...
漏洞	!〉@bug 1D model crashes when...
	!〉too thin

图 4.3　PALM 网页界面

1. 如何使用 Doxygen

①在系统中安装 Doxygen、dot、LaTeX；

②运行脚本 generate documentation。

2. 查看文档

①HTML version：base_directory documentation/PALM_doc. html；

②PDF version：base_directory documentation/PALM_doc. pdf。

也可以查看 https://palm-model. orgtracwiki/doc/tec/doxygen。

4.1.9　重要的变量及其声明

三维数组的预测变量被命名为 t 或 $t+\Delta t$、ψ、Ψ_p，可以为 $u,v,w,\mathrm{pt},q,s,e,$
$\mathrm{Sa},\cdots\cdots$

这些默认声明类似 $\psi_{(z,y,x)}$ 或者 $\psi_{(k,j,i)}$：

```
u(nzb:nzt+1,nysg:nyng,nxlg:nxrg)
```

海洋湍流并行大涡模拟入门与实践

同时

```
nysg = nys - nbgp,  nyng = nyn + nbgp
nxlg = nxl - nbgp,  nxrg = nxr + nbgp
nzb, nzt (bottom, top)
nys, nyn (south, north)
nxl, nxr (left, right)
```

作为(子)区域索引范围,Nbgp 是基于平流项的虚点个数(Nbgp=3 为默认的 Wicker Skamarock scheme 方案)。

如果只有一个单独的进程或者核被使用,则

```
nxl = 0; nxr = nx
nys = 0; nyn = ny
```

为了优化性能,大多数三维变量被声明为指针:

```
REAL(wp), DIMENSION(:,:,:), POINTER ::  u, u_p
```

这(几乎)不会以任何方式影响代码中这些变量的使用(见表 4.2)。

表 4.2 变量

变量	索引范围	意义	内容
zu	nzb:nzt+1	标量(u,v)网格级别的高度	$zu(1)=0.5*dz(1)$ $zu(0)=zu(1)$
zw	nzb:nzt+1	w 网格级别的高度	$zw(0)=0$
dz	1:10	垂向网格步长	被设置在 &initialization parameters
dzu	1:nzt+1	在标量网格级别间的垂向步长	$dzu(k)=zu(k)$ $zu(k 1)$
ddzu	1:nzt+1	网格步长的反转	$ddzu(k)=1.0/dzu(k)$
dx		x 方向的步长	被设置在 &initialization parameters
ddx		dx 的反转	$ddx(k)=1.0/dx$
current_timestep_number		时间步长的计算器	
time_since_reference_point		以秒来计算时间	

064

4.2　代码并行化

代码并行化包括并行的基础、PALM 并行、如何使用 PALM 的并行版本、PALM 所含的 MPI 通信及虚拟处理器网格、I/O 并行等内容。

4.2.1　并行的基础

所有处理器元件（processing element，PE）执行相同的程序代码（single instruction multiple data，SIMD）。

计算机的每一个处理单元都对一组不同的数据进行操作，如图 4.4 所示，每一个处理器元件为整个域的不同子域求解方程时，只知道它的子域的变量值。

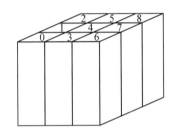

图 4.4　处理单元对不同数据操作

1.大规模并行计算机的基本架构（见图 4.5）

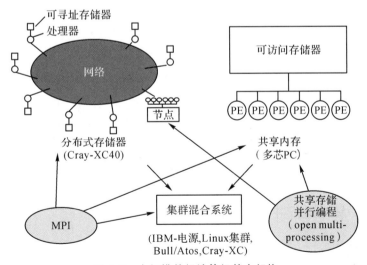

图 4.5　大规模并行计算机基本架构

2.PALM 并行化概念

(1)对并行程序的一般要求如下：

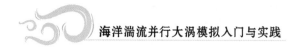

①具有良好的负载平衡(所有内核都应该有相同的工作负载);

②具有较小的通信开销(否则可能会丢失速度);

③具有可伸缩性(可扩展到大量处理器,否则无法使用它们)。

(2)PALM 的基本并行化是基于 x、y 方向的二维域分解,如图 4.6 所示。

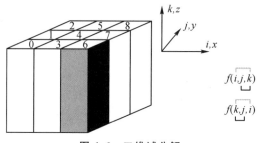

图 4.6 二维域分解

①在 PALM 中使用数组索引 $f(k,j,i)$。

②消息传递通过使用 MPI 实现。

③实现了 OpenMP 并行化和 OpenMP 与 MPI 的混合使用。

3.中心有限差分引起局部数据的依赖

$$\frac{\partial \Psi}{\partial x}\bigg|_i = \frac{\Psi_{i+1} - \Psi_{i-1}}{2\Delta x}$$

解决方案为引入重影点。

4.FFT 和线性方程求解器会引起对非局部数据的依赖

解决方案为 3D 阵列换位。

下面的例子显示了求解泊松方程的移位(见图 4.7)。

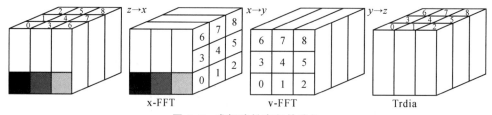

图 4.7 求解泊松方程的移位

4.2.2 怎样运行并行版本的 PALM

1.PALM 的运行

PALM 的并行版本是由以下语句激活的:

％cpp_options-D_parallel

在 palm 配置文件. palm. config.〈ci〉中这是默认配置文件. palm. config. default. 中的设置。

另外,需要提供处理器核总数及每个节点的任务数(在一个节点上使用的处理器核数)。只在批处理模式下需要- T 选项:

palmrun...-X64-T8...

如果"tasksper node"不是所请求的处理器核总数的整数因子,则"last"节点的一些处理器核数将不会被使用(但是用户可能要为它们付费)。

与在 MPI 中过度使用纯域分解相比,使用开放 MP 并行化不会产生任何优势(与预期相反,它主要降低了计算速度),但使用开放 MP 并行化是基于大量核的一维分解,会在具有大量内核(>100000)的集群系统上发生变化。

2. PALM 内部的 MPI 通信

MPI 是一个可移植的接口,用于通信处理器核总数(FORTRAN 或 Clibrary)。

所有 MPI 呼叫必须为:

CALL MPI_INIT(ierror)

...

CALL MPI_FINALIZE(ierror)

当使用%cpp_options-D_parallel 时,PALM 中的 MPI 调用是可用的。

通信需要有:

(1)虚点交换;

(2)换位法(FFT-poisson-solver);

(3)计算统计数据/全球总和(例如计算水平平均);

(4)嵌套情况下的数据交换;

(5)在城市表面模型中计算光线追踪阴影效果。

需要额外的 MPI 调用来定义所谓的虚拟处理器网格,并定义更舒适的数据交换所需的特殊数据类型。

3. PALM 中的虚拟处理器网格

(1)处理器网格和特殊数据类型在文件 init_pegrid. f90 中定义。

(2)PALM 使用二维虚拟处理器网格(基于一维分解,沿 y 方向只有一个)。它由一个通信器定义(在这为 comm2d):

```
ndim=2
pdims(1)=npex
!#   ofprocessorsalongx
pdims(2)=npey
!#   ofprocessorsalongy
cyclic(1)=. TRUE.
cyclic(2)=. TRUE.
```

CALL MPI_CART_CREATE(MPI_COMM_WORLD, ndim, pdims, &cyclic,

reorder，comm2d，ierr）

与此处理器网格相关的处理器编号 myid(ID) 是利用 CALL MPI_COMM_ RANK(comm2d，myid，ierr)赋予的。

相邻的处理器总核的 ID 取决于：

CALL MPI_CARD_SHIFT(comm2d，0，1，pleft，pright，ierr)

CALL MPI_CARD_SHIFT(comm2d，1，1，psouth，pnorth，ierr)

4. 虚元交换

虚元存储在子域的水平边界上附加的数组元素中，如：

u(:,:,nxl-nbgp)，u(:,:,nxr+nbgp) ! leftandrightboundary

u(:,nys-nbgp,:)，u(:,nyn+nbgp,:) ! southandnorthboundary

实际应用为 nxlg＝nxl-nbgp 等。

虚点的交换在 exchange_horiz.f90 中完成。

例如，虚元沿 x 方向的同步交换：

CALL MPI_SENDRECV(ar(nzb,nysg,nxl)，ngp_yz，MPI_REAL，pleft，0，ar(nzb,nysg,nxr+1)，ngp_yz，MPI_REAL，pright，0,comm2d，status，ierr)

在实际代码中，为了 yz/xz 平面的交换，定义了特殊的 MPI 数据类型(向量)，这是出于性能方面的考虑，也因为要交换的数组元素不是在 xz 平面的内存中连续存储的：

ngp_yz(0)＝(nzt-nzb+2)*(nyn-nys+1+2*nbgp)

CALL MPI_TYPE_VECTOR(nbgp，ngp_yz(0)，ngp_yz(0)，MPI_REAL，type_yz(0)，ierr)

CALL MPI_TYPE_COMMIT(type_yz(0)，ierr) ! see file init_pegrid.f90

CALL MPI_SENDRECV(ar(nzb,nysg,nxl)，1，type_yz(grid_level)，pleft，0，…)

可以在文件 transpose.f90 中找到换位(几个用于一维或二维分解的子程序)；它们主要从 FFT 压力解算器调用，见 poisfft_mod.f90.

下面的例子是一个从 x 到 y 的换位，即对于输入数组，沿 x 方向的所有数据元素都位于相同的处理器上，而在换位后，沿 y 方向的所有元素都位于相同的处理器上：

CALL MPI_ALLTOALL(f_inv(nys_x,nzb_x,0)，sendrecvcount_xy，MPI_REAL，& work(1,nzb_y,nxl_y,0)，sendrecvcount_xy，MPI_REAL，comm1dy，ierr)

数据在调用 MPI_ALLTOALL 前后都进行了高度优化，以适应不同的处理器架构，并允许通信和计算重叠。

5. 并行 I/O

PALM 并行地写和读一些输入/输出文件，即每个处理器写/读自己的文件。每个文件都有一个不同的名称。

例如，用于重新启动的二进制文件被写入 PALM 工作目录的子目录中：

$ fast_io_catalog/.../BINOUT/_000000.../BINOUT/_000001 etc.

在配置文件中通过 palnrun 使用文件的处理器属性来处理(复制)这些文件:

BINOUT * out:lnpe restart $ fast_io_catalog/ $ run_identifier/RESTART_d3d

在这个实例中,文件名称被翻译成目录名称。这个调用 palmrun -d example_cbl -a "... restart"...将会复制本地目录(BINOUT)给使用者目录(.../RESTART/ example_cbl_d3d)

4.2.3　通用注释

目前,并行 I/O 大量(大于 1000)文件将会导致几个文件系统问题(例如,在 LUSTRE 文件系统)。

应对方法为减少并行 I/O 流的最大数量(见 palmrun-option-w)。

输出的二维和三维数据通过处理器写入并行(二维:默认;三维:通常)。

由于数据集存放在一个文件中更有利于绘图软件的使用(ncview、ncl、ferret 等),在 PALM 运行完成后这些输出文件将会被合并到一个单独文件中。在 PALM 模拟运行结束后,通过 palmrun 自动运行 combine_plot_fields 程序来实现这一过程。

在安装过程中,通过调用 palmbuild 制作这个可执行的 combine_plot_fields。

如果设置运行时间参数 data_output_2d_on_each_pe=.FALSE.,则 PALM 输出的全域二维数据将被直接写入一个 NetCDF 文件(无需调用 combine_plot_fields)。

如果你有一个并行 I/O 支持的 NetCDF4/HDF5 库,PALM 输出的全域三维数据将被直接写入一个 NetCDF 文件,无需调用 combine_plot_fields。

这需要设置运行时间参数 netcdf_data_format=5 且 PALM 将使用 cppo-options 进行编译:

%cpp_options:D_netcdf -D_netcdf4 -D_netcdf4_parallel

此外,安装 NetCDF4/HDF5 比较麻烦。

4.3　代码调试

本节将介绍如何以交互模式在本地,即用户的本地个人计算机/笔记本电脑上或所登录的任何机器(称为本地主机)上运行 PALM。

在本地或远程(超级)计算机/主机上以批量处理模式(作业排队/批量处理系统)运行 PALM 不是本节讨论的部分。更多关于如何以批量处理模式运行 PALM 的文档可以通过以下链接找到:

https:∥palm.muk.uni-hannover.detracwiki/doc/app/palmrun

关于如何停止和继续运行的内容,即重启机制,将于第 5 节中详细介绍。

一些基本名词的定义如下:

(1)本地主机:用户当前所在的计算机或通过终端登录的计算机(ssh)。

(2)远程主机:任何带有批量处理系统但尚未登录的计算机,用户可通过 ssh 访问。

(3)批量处理模式:批量处理文件中所包含的命令的自动化加工不是交互式的。

4.3.1　PALM 目录结构

PALM 安装后在哪里可以找到? 图 4.8 展示了 PALM 安装后的位置(自动安装的默认配置)。

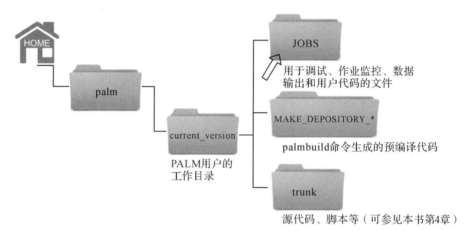

图 4.8　PALM 文件架构

4.3.2　PALM 输入/输出概述

图 4.9 为 PALM 模式中输入/输出文件构架。

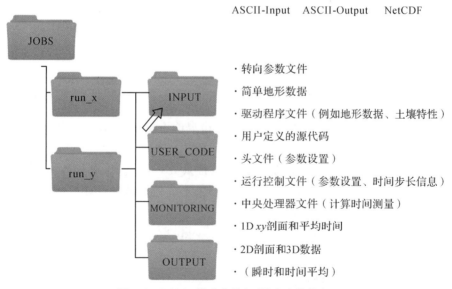

图 4.9　PALM 模式中输入/输出文件构架

4.3.3　内部调试——参数概述

(1)网格参数(计算网格/处理器网格)有网格间距、网格点数量等。

(2)数值参数和边界条件包括以下方面:

①时间步长方案、平流方案等;

②水平方向(循环/非循环);

③垂直方向(恒定通量层、自由滑动条件等)。

(3)初始化参数有初始配置文件、重启运行、主运行(在预运行之后)。

(4)输出参数有一维输出、二维输出、三维输出、输出间隔等。

(5)物理参数有纬度、地球角速度等。

(6)嵌入式模块的参数包括风力涡轮机、陆地表面、拉格朗日粒子模型等。

4.3.4　内部调试——输入参数文件

图 4.10 为内部调试所需的输入参数文件示例。

· 用Fortran-Namelist语法编写

· 由PALM读入

· 必须有两个Namelist组: &initialization_parameters 和&runtime_parameters

· 更多关于PALM特定特征的Namelist, 如 &wind_turbine_parameters

· 需要采用精确的格式, 例如, Namelist以&<name>开头, 以斜线/结尾

· 参数被逗号隔开

· 字符串放在 "…" 中间, 否则可能会出现错误。

图 4.10　内部调试——输入参数文件示例

4.3.5　内部调试——参数文件

可参见网址:https://palm.muk.uni-hannover.de/trac/wiki/doc。图 4.11 为该网址截图。

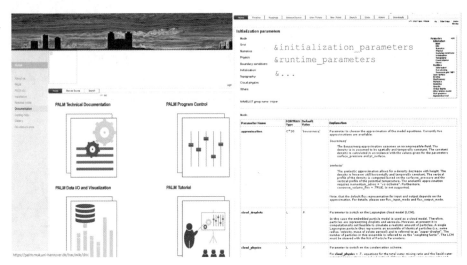

图 4.11　PALM 参数文件网址

所有参数的字母列表参见以下网址：

http://palm.muk.uni-hannover.de/trac/wiki/doc/app/parlist

4.3.6　内部调试——其他输入文件举例

(1)带有二维地形高度信息的 ASCII 文件(以离地的距离米为单位)，如图 4.12 所示。

(2)对于不适合的复杂地形，则采用 NetCDF 格式的静态驱动程序。

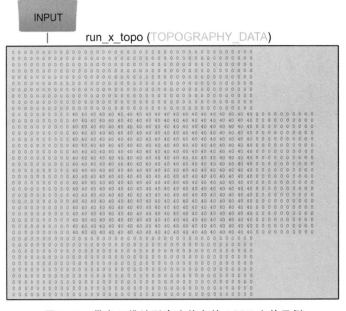

图 4.12　带有二维地形高度信息的 ASCII 文件示例

4.3.7　作业监控——头文件(Header)

(1)头文件需给出 PALM 运行的总说明。

(2)头文件需要包含关于所选模型参数(物理和数值)的摘要或信息。

(3)头文件每次运行(初始运行和重启运行)都会生成文件。

图 4.13 为头文件示例。

run_x_header (HEADER)

```
******************************     ---------------------------------------------
* PALM 4.0  Rev: 2370M       *     atmosphere - run without 1D - prerun
******************************     ---------------------------------------------

Date:                  24-08-17    Run:       example_cbl
Time:                  14:56:25    Run-No.:   00
Run on host:              lcmuk
Number of PEs:                4    Processor grid (x,y): (   2,    2) calculated
--------------------------------------------------------------------------------

Numerical Schemes:
-----------------

--> Use the boussinesq approximation for the model equations.
--> Solve perturbation pressure via FFT using temperton-algorithm routines
    perturbation pressure is calculated at every Runge-Kutta step
--> Momentum advection via Wicker-Skamarock-Scheme 5th order
--> Scalar advection via Wicker-Skamarock-Scheme 5th order
--> Loop optimization method: cache
--> Time differencing scheme: runge-kutta-3
--------------------------------------------------------------------------------


Run time and time step information:
----------------------------------

Timestep:              variable     maximum value: 20.000 s    CFL-factor: 0.90
Start time:               0.000 s
End time:              3600.000 s

Time reached:          3607.000 s
CPU-time used:            8.033 s     per timestep:                     0.031 s
                                      per second of simulated time:     0.002 s


Computational grid and domain size:
----------------------------------

Grid length:       dx =     50.000 m    dy =     50.000 m    dz =     50.000 m
Domain size:        x =   2000.000 m     y =   2000.000 m  z(u) =   2862.511 m
```

图 4.13　头文件示例

4.3.8　作业监控——运行控制

(1)对于初始运行,HEADER 文件信息显示在 RUN_CONTROL 文件顶部。

(2)每次运行都会生成文件,但是 HEADER 信息只在作业链的初始运行时显示。

(3)特定模型变量的值跟随于 HEADER 信息之后,在模拟的特定时间步长上显示(每个时间步长占一行,输出间隔可以由运行时参数 dt_run_control 控制)。

(4)每次运行后都应该仔细检查这个时间步长输出的内容,因为如果模型运行正确,该内容会允许首次控制。

图 4.14 展示了运行控制的部分代码。

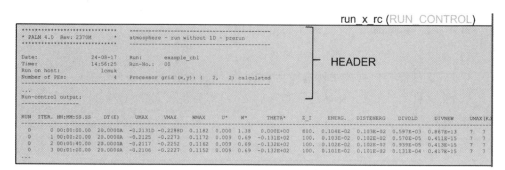

图 4.14　运行控制部分代码

4.3.9　作业和监控——中央处理器测量

（1）代码文件中需包含有关程序单个部分中央处理器要求的信息。

（2）all progn. equations 和 pres solver 为主要的应用。

（3）对于较大的网格（1024^3 个格点），pres 运行花费的时间高达总运行时间的 50%。

（4）通信所需要的时间（exchange_horiz(_2d) 和 mpi_alltoall 运行时间之和）不应超过总时间的 $20\%\sim30\%$。

（5）处理器内核之间的负载平衡可以通过最小值、最大值和均方根来检查。

图 4.15 为中央处理器测量部分代码。

run_x_cpu (CPU_MEASURES)

```
PALM 4.0  Rev: 2370M  run: example_cbl.00  host: lcmuk  24-08-17 14:56:25

CPU measures for    4 PEs (   2(x) *   2(y) tasks *   1 threads):

gridpoints (x/y/z):                  40 *   40 *   40
nr of timesteps:                    263
cpu time per grid point and timestep:    0.45511 * 10**-6 s
------------------------------------------------------------------------------

place:                         mean    counts │ min      max      rms
                               sec.    %         │ sec.     sec.     sec.
------------------------------------------------┼----------------------------
total                          8.043  100.00    1 │ 8.043    8.043    0.000
all progn.equations            5.177   64.37  789 │ 5.054    5.462    0.167
pres                           1.153   14.33  790 │ 1.152    1.154    0.001
exchange-horiz-progn           0.607    7.55  789 │ 0.504    0.758    0.144
surface_layer_fluxes           0.358    4.45  789 │ 0.351    0.364    0.005
diffusivities                  0.322    4.00  789 │ 0.316    0.328    0.004
flow_statistics                0.239    2.97  264 │ 0.239    0.240    0.001
calculate_timestep             0.059    0.73  264 │ 0.051    0.062    0.005
sum_up_3d_data                 0.013    0.16  147 │ 0.013    0.013    0.000
initialisation                 0.008    0.10    1 │ 0.008    0.008    0.000
data_output_tseries            0.003    0.04  263 │ 0.000    0.005    0.005
disturb_field                  0.003    0.04   10 │ 0.003    0.003    0.000
data_output_2d                 0.002    0.03   10 │ 0.002    0.002    0.000
run_control                    0.002    0.02  264 │ 0.000    0.000    0.003
swap_timelevel                 0.001    0.01  789 │ 0.001    0.001    0.000
last actions                   0.000    0.00    1 │ 0.000    0.000    0.000
user_actions                   0.000    0.00  789 │ 0.000    0.000    0.000
data_output_profiles           0.000    0.00    4 │ 0.000    0.000    0.000
average_3d_data                0.000    0.00    2 │ 0.000    0.000    0.000

special measures:
------------------------------------------------┼----------------------------
timesteps                      8.033   99.87  263 │ 8.033    8.033    0.000
exchange_horiz                 0.784    9.75 7136 │ 0.483    0.918    0.172
poisfft                        0.647    8.04  790 │ 0.646    0.647    0.001
fft_x                          0.187    2.33  790 │ 0.187    0.188    0.000
fft_y                          0.187    2.33  790 │ 0.186    0.188    0.001
transpo forward                0.140    1.74  790 │ 0.139    0.142    0.001
divergence                     0.137    1.70 1054 │ 0.136    0.137    0.000
mpi alltoall                   0.102    1.26 4740 │ 0.101    0.102    0.000
transpo invers                 0.080    0.99  790 │ 0.078    0.080    0.001
tridia                         0.051    0.63  790 │ 0.050    0.051    0.000
```

图 4.15　中央处理器测量部分代码

4.3.10　数据输出——可用的标准输出

表 4.3 列举了数据输出的类型及其生成的本地文件名和临时工作目录中的文件名以及源代码。

表 4.3　数据输出类型

类型	可能性	PALM run_x_⟨...⟩ 生成的本地文件名	临时工作目录中的 文件名和源代码
时间序列	瞬时	ts. nc	DATA_1D_TS_NETCDF
平均垂直 剖面	水平、瞬时 或时间平均	pr. nc	DATA_1D_PR_NETCDF
二维横截面 (xy,xz,yz)	瞬时或时间 平均,沿第三维 的可能平均值	xy. nc,av_xy. nc xz. nc,av_xz. nc yz. nc,av_yz. nc	DATA_2D_XY_NETCDF DATA_2D_XY_AV_NETCDF etc.
三维数据集	瞬时或 时间平均	3d. nc, av_3d. nc	DATA_3D_NETCDF DATA_3D_AV_NETCD
一维/二维/三维 数据子集 (屏蔽输出)	瞬时或 时间平均	masked_M01. nc, av_masked_M01. nc, masked_M02. nc,etc.	DATA_MASK_NETCDF_M01 DATA_MASK_AV_NETCDF_M01 etc.

具体 NetCDF 数据格式参见以下网址:

http：//www. unidata. ucar. edu/software/netcdf/

具体 PALM 输出调试参数参见以下网址:

https：//palm. muk. uni-hannover. detracwiki/doc/app/d3par♯output

在 4.6 节输出数据数据可视化中,将提供绘制 NetCDF 数据的方法。

4.3.11　外部配置——概述

运行 PALM 需要注意哪些步骤?

(1)编译 PALM 源代码:

①创建包含预编译源代码的 MAKE_DEPOSITORY_⟨configuration_identifier⟩(short⟨ci⟩)文件。

②如果已经使用了自动安装程序,则创建完成。

③palmbuild 在每次代码更新后都必须手动调用。

(2)执行 PALM:PALM 在一个临时目录 run_x.⟨randomnumber⟩中执行,该目录位于一个快速文件系统中,由配置文件中的变量%fast_io_catalog 给出。

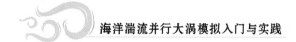

（3）复制或传输输入和输出文件：将文件输入 run_x.〈randomnumber〉中，再输出至输出文件夹。输出文件的循环编号的作用是在多次运行相同或相似作业的情况下快速维护它们。否则，输出将被重写。

（4）默认情况下，目录 run_x.〈randomnumber〉在最后被删除。

如果 MAKE_DEPOSITORY_〈ci〉文件不存在（新安装），在步骤（1）中 palmrun 将调用 palmbuild 或使用用户定义的代码。

palmrun/palmbuild 所需的信息必须由用户在 PALM 的配置文件中指定。

4.3.12　外部配置——PALM 环境配置文件

（1）该文件在自动安装过程中创建。

（2）计算机和软件专用配置。

（3）变量由 palmrun 脚本解释。

（4）〈ci〉可以是任意字符串。

（5）PALM 中的每个环境应执行一个单独命名的文件（编译器选项、计算机、软件）。

文档可从以下网址获得：

https://palm.muk.uni－hannover.de/trac/wiki/doc/app/palm_config

4.3.13　外部配置——PALM 输入/输出配置填充

（1）使用文件夹 trunk/SCRIPTS 中的默认文件（最多包含六列）。

（2）输入/输出文件和路径的定义由 palmrun 脚本解释（第 1、4—6 列）。

（3）激活字符串由 palmrun 选项－a 给出。

（4）由于使用的路径变量 base_data 可以在文件.palm.config.〈ci〉中单独设置且 run_identifier 为 palmrun 选项－r 给定的运行标识符名称，所以只需要一个.palm.iofiles文件即可。

图 4.16 展示了 PALM 输入/输出配置填充部分代码。

.palm.iofiles

```
#
#---------------------------------------------------------------------------
# List of input-files
#---------------------------------------------------------------------------
PARIN                        in:tr     d3#       $base_data/$run_identifier/INPUT        _p3d*
PARIN                        in:tr     d3r       $base_data/$run_identifier/INPUT        _p3dr*
PARIN                        in:tr     pcr       $base_data/$run_identifier/INPUT        _pcr*
NAVIGATION_DATA              inopt:tr  d3#:d3r   $base_data/$run_identifier/INPUT        _nav*
TOPOGRAPHY_DATA              inopt:tr  d3#:d3r   $base_data/$run_identifier/INPUT        _topo*
...
DATA_1D_PR_NETCDF            inopt     prr       $base_data/$run_identifier/OUTPUT       _pr*        nc
DATA_1D_TS_NETCDF            inopt     tsr       $base_data/$run_identifier/OUTPUT       _ts*        nc
DATA_1D_PTS_NETCDF           inopt     ptsr      $base_data/$run_identifier/OUTPUT       _pts*       nc
DATA_2D_XY_NETCDF            inopt     xyr       $base_data/$run_identifier/OUTPUT       _xy*        nc
DATA_2D_XY_NETCDF            inopt     xyr       $base_data/$run_identifier/OUTPUT       _xy*        nc
DATA_2D_XY_AV_NETCDF         inopt     xyr       $base_data/$run_identifier/OUTPUT       _av_xy*     nc
#
#---------------------------------------------------------------------------
# List of output-files
#---------------------------------------------------------------------------
BINOUT*                      out:lnpe  restart   $fast_io_catalog/$run_identifier/RESTART  _d3d
PARTICLE_RESTART_DATA_OUT*   out:lnpe  prt#:prtr $fast_io_catalog/$run_identifier/RESTART  _rprt
SVFOUT*                      out:lnpe  svfout    $fast_io_catalog/$run_identifier/SVF      _svf

RUN_CONTROL*                 out:tr    d3#:pcr   $base_data/$run_identifier/MONITORING   _rc
RUN_CONTROL*                 out:tra   d3r       $base_data/$run_identifier/MONITORING   _rc
HEADER*                      out:tr    d3#:pcr   $base_data/$run_identifier/MONITORING   _header
HEADER*                      out:tra   d3r       $base_data/$run_identifier/MONITORING   _header
CPU_MEASURES*                out:tr    d3#:pcr   $base_data/$run_identifier/MONITORING   _cpu
CPU_MEASURES*                out:tra   d3r       $base_data/$run_identifier/MONITORING   _cpu
PARTICLE_INFO*               out:tr    pt#       $base_data/$run_identifier/MONITORING   _prt_info
PARTICLE_INFO*               out:tra   ptr       $base_data/$run_identifier/MONITORING   _prt_info
LIST_PROFIL*                 out:tr    *         $base_data/$run_identifier/MONITORING   _list_pr

DATA_1D_PR_NETCDF*           out:tr    *         $base_data/$run_identifier/OUTPUT       _pr         nc
DATA_1D_SP_NETCDF*           out:tr    *         $base_data/$run_identifier/OUTPUT       _sp         nc
DATA_1D_TS_NETCDF*           out:tr    *         $base_data/$run_identifier/OUTPUT       _ts         nc
DATA_1D_PTS_NETCDF           out:tr    *         $base_data/$run_identifier/OUTPUT       _pts        nc
DATA_2D_XY_NETCDF*           out:tr    *         $base_data/$run_identifier/OUTPUT       _xy         nc
DATA_2D_XY_AV_NETCDF*        out:tr    *         $base_data/$run_identifier/OUTPUT       _av_xy      nc
...
Documentation available at: https://palm.muk.uni-
hannover.de/trac/wiki/doc/app/palm_iofiles
```

图 4.16　PALM 输入/输出配置填充部分代码

4.3.14　开始运行——PALM 选项

1. palmrun...

在本地电脑上交互式运行的重要选项。

2. -a„d3#"

激活字符串，可能的字符串在 .palm.iofiles 中列出。

3. -r⟨run_identifier⟩

例如，run_x 可作为本次运行所有数据文件的基本文件/目录名。

4. -c⟨configuration_identifier⟩

如配置文件名 .palm.config.⟨ci⟩。

5. -X

要使用的处理器内核数量。

批量处理模式和远程作业，还有其他选项可用。

6. -b

以批处理模式运行。

7. -q

批处理作业队列的名称。

8. -tCPU

时间(秒)。

9. -T

要在计算机的一个节点上启动的 MPI 任务数。

4.3.15　开始运行——PALM 运行执行

将 palmrun 命令行直接键入 Unix 终端,如图 4.17 所示。

```
sno:~/palm/current_version$ palmrun -r example_cbl -a "d3#" -c imuk -X 4

*** palmrun  1.0 Rev: 3151 $
    will be executed.    Please wait ...

    Reading the configuration file...
    Reading the I/O files...

 *** INFORMATIVE: additional source code directory
     "/home/maronga/palm/current_version/JOBS/example_cbl/USER_CODE"
     does not exist or is not a directory.
     No source code will be used from this directory!

#------------------------------------------------------------------#
| palmrun  1.0 Rev: 3151 $             Maan Aug 13 11:29:27 CEST 2018 |
| PALM code     Rev: 3170M                   .                       |
|                                                                    |
| called on:              sno                                        |
| host identifier:        imuk (execute on IP: 130.75.105.113)       |
| running in:             interactive run mode                       |
| number of cores:        4                                          |
| tasks per node:         4 (number of nodes: 1)                     |
|                                                                    |
| cpp directives:         -cpp -D__parallel -DMPI_REAL=MPI_DOUBLE_PRECI |
|                         SION -DMPI_2REAL=MPI_2DOUBLE_PRECISION -D__ff |
|                         tw -D__netcdf -D__rrtmg                     |
| compiler options:       -qopenmp -fpe0 -O3 -xHost -fp-model source -f |
|                         tz -fno-alias -no-prec-div -no-prec-sqrt -ip |
|                         -nbs -I /muksoft/packages/fftw/3.3.7/mvapich2 |
|                         -2.3rc1/gnu/include/ -L/muksoft/packages/fftw |
|                         /3.3.7/mvapich2-2.3rc1/gnu/lib64/ -lfftw3    |
| linker options:         -qopenmp -fpe0 -O3 -xHost -fp-model source -f |
|                         tz -fno-alias -no-prec-div -no-prec-sqrt -ip |
|                         -nbs -I /muksoft/packages/fftw/3.3.7/mvapich2 |
|                         -2.3rc1/gnu/include/ -L/muksoft/packages/fftw |
|                         /3.3.7/mvapich2-2.3rc1/gnu/lib64/ -lfftw3    |
|                                                                    |
| run identifier:         example_cbl                                |
| activation string list: d3#                                        |
#------------------------------------------------------------------#

  >>> everything o.k. (y/n) ? y
```

图 4.17　Unix 终端运行界面

4.3.16　开始运行——使用图形用户界面启动运行

通过图形用户界面(graphics user interface,GUI)生成 palmrunUnix 命令行,如图 4.18 所示。

→ (https://palm.muk.uni-hannover.de/trac/wiki/doc/app/palmrungui)

在 Unix 终端中调用 palmrungui `sno:~/palm/current_version$ palmrungui`

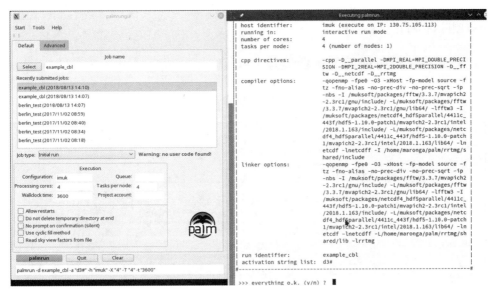

图 4.18 图形用户界面

4.3.17 palmrun 工作流程概述

使用多个内核执行 PALM 的最低命令：

palmrun-r〈run_identifier〉-a〈activation_string〉

-X〈total number of cores〉

（1）检查源代码是否已经预编译，即目录 MAKE_DEPOSITORY_〈ci〉是否存在。如果没有，palmrun 则调用 palmbuild bash 脚本，根据.palm.config.〈ci〉中的设置编译代码。

（2）创建临时工作目录 run_x.〈randomnumber〉，其路径由.palm.config.〈ci〉中的%fast_io_catalog 给出。

（3）INPUT 文件和 MAKE_DEPOSITORY 内容被复制到临时目录。对于 run_x 的每次手动执行，都需要在路径%fast_io_catalog 下创建一个文件夹 SOURCES_FOR_RUN_run_x，包含编译代码、palmrun 脚本、配置文件等。

（4）PALM 在临时目录中执行。

（5）监控和输出文件从临时目录复制到.palm.iofiles 给定的目的地中。

图 4.19 为工作流程——复制文件部分代码。

图 4.19 工作流程——复制文件

（6）删除临时目录（由 palmrun 选项"-B"阻止）。SOURCES_FOR_RUN 目录不会被删除，仍可用于重启运行。

4.3.18　运行期间的作业监控

（1）观看终端中的有用消息和进度条（仅限交互式运行）（见图 4.20）。

```
palmrun -d run_x -a "d3#" -h <ci> -X 4 -T 4
...
...
*** execution starts in directory
    "/localdata/palm/TMP/example_cbl.14917"
------------------------------------------------------------
*** running on: mypc mypc mypc mypc
           ... reading environment parameters from ENVPAR --- finished
           ... reading NAMELIST parameters from PARIN --- finished
           ... creating virtual PE grids + MPI derived data types --- finished
           ... checking parameters --- finished
           ... allocating arrays --- finished
           ... initializing with constant profiles --- finished
           ... initializing statistics , boundary conditions , etc. --- finished
           ... creating initial disturbances --- finished
           ... calling pressure solver --- finished
           --- leaving init_3d_model
           --- start with time-stepping
[XXXXXXXXXXXXXXXXXXXXXXXXXX_____] 53.3 left
```

图 4.20　终端进度条查看

（2）在临时工作目录中查找文件 RUN_CONTROL。

①切换到特定运行的临时目录。

②在终端上，命令 tail-f RUN_CONTROL 使 PALM 的连续输出存储到文件 RUN_CONTROL 中（见图 4.21）。

```
host:...$ cd <path_to_temp_directory>
host:/path_to_temp_directory$ tail -f RUN_CONTROL
0      2 00:00:40.00  20.0000A  -0.2117  -0.2252   0.1162  0.009  0.69  -0.132E+02    100.  0.102E-02  0.102E-02  0.939E-05
0.413E-15     7   7  11    11   7  19    5  26    7    0.000    0.000       0
0      3 00:01:00.00  20.0000A  -0.2106  -0.2227   0.1152  0.009  0.69  -0.132E+02    100.  0.101E-02  0.101E-02  0.131E-04
0.417E-15     7   7  11    11   7  19    5  26    7    0.000    0.000       0
```

图 4.21　终端文件查找

4.4　用户自定义实现

4.4.1　用户界面的用途

标准（默认）PALM 代码不能满足用户的每一次特定的需求。为了包含这些特定的需求，用户需要自行修改标准代码。

面临的问题是，新版本的 PALM（当前版本是 6.0）要求用户再次向其添加修改。

解决方法为：PALM 提供了一个"用户界面"，即一组子程序，用户可以在其中进行修改并且已完成的修改可以在标准 PALM 代码的未来版本中继续使用。在大多数情况下，通过使用用户界面，用户不必修改标准代码。在默认情况下，用户界面子程序几乎是"空的"。它们都是从标准 PALM 代码中调用的，但不包含任何可执行代码。

4.4.2　用户界面的一般结构

除了几个执行选项（例如 user_init_radiation. f90、user_init_flight. f90），其他所有的程序都可以在…/trunk/SOURCE/user_module. f90 中找到，如图 4.22 所示。

```
MODULE user_write_restart_data_mod

   USE arrays_3d

   USE control_parameters
[...]
   IMPLICIT NONE

   INTEGER(iwp) ::  dots_num_palm   !<
   INTEGER(iwp) ::  dots_num_user = 0  !<
!
!-- Sample for user-defined output
!   REAL(wp) :: global_parameter !< user defined global parameter
!   REAL(wp), DIMENSION(:,:,:), ALLOCATABLE ::  u2       !< user defined array
[...]

   INTERFACE user_parin
      MODULE PROCEDURE user_parin
   END INTERFACE user_parin

   PUBLIC user_parin

CONTAINS

SUBROUTINE user_parin

   NAMELIST /user_parameters/  &
      user_module_enabled, &
      data_output_pr_user, &
[...]
```

图 4.22　文件 user_module. f30 部分

4.4.3　嵌入用户界面例程（Ⅰ）

用户界面例程通过标准 PALM 代码中特定位置的模块接口来调用。

例程示例 user_init_arrays 如图 4.23 所示。

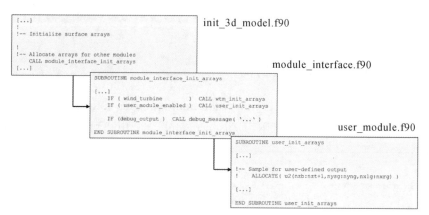

图 4.23 例程示例 user init arrays

4.4.4 嵌入用户界面例程(Ⅱ)

流程图概述(Ⅰ)——初始化如图 4.24 所示。

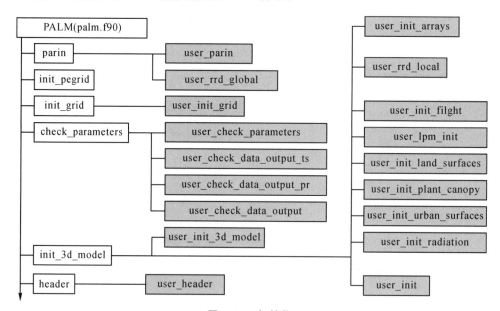

图 4.24 初始化

4.4.5 嵌入用户界面例程(Ⅲ)

流程图概述(Ⅱ)——时间整合循环如图 4.25 所示。

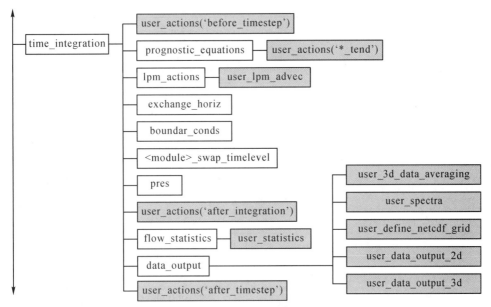

图 4.25　时间整合循环

4.4.6　嵌入用户界面例程(Ⅳ)

流程图概述(Ⅲ)——最终步骤如图 4.26 所示。

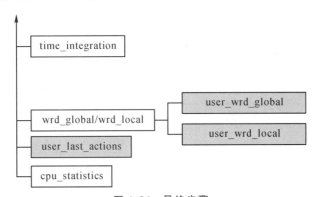

图 4.26　最终步骤

4.4.7　用户界面例程列表(Ⅰ)(见表 4.4)

表 4.4　用户界面例程列表(Ⅰ)

名称	参数	调用处	任务
user_3d_data_ averaging	mode,variable	average_3d_data+ sum_up_3d_data	用户定义量 的时间平均

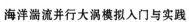

续　表

名称	参数	调用处	任务
user_actions user_actions	location i，j，location	time_integration＋ prognostic_equations	例如，预判方程中的 附加力
user_check_ data_output	variable，unit	check_parameters＋ init_masks	检查用户定义 的输出量
user_check_data_output_pr	variable，var_count， unit	check_parameters	检查用户定义的 配置文件输出量
user_check_data_output_ts	variable，var_count， unit	check_parameters	检查用户定义的 时间序列输出量
user_check_parameters		check_parameters	检查用户定义的变量
user_data_output_2d	av，variablc，found， grid，local_pf，two_d	data_output_2d	额外用户定义量 的输出/计算
user_data_output_3d	av，variable，found， local_pf，nz_do	data_output_3d	额外用户定义量 的输出/计算
user_data_output_mask	av，variable，found， local_pf	data_output_mask	额外屏蔽用户 定义量的输出
user_define_netcdf_grid	variable，found， grid_x，grid_y，grid_z	netcdf	为附加输出量 定义网格

4.4.8　用户界面例程列表(Ⅱ)(见表 4.5)

表 4.5　用户界面例程列表(Ⅱ)

名称	参数	调用处	任务
user_flight	var，id	virtual_flight_mod	飞行测量输出
user_header	io	header	输出用户变量到头文件
user_init		init_3d_model	例如，从重启文件中读取
user_init_arrays		init_3d_model	例如，从重启文件中读取
user_init_3d_model		init_3d_model	特定初始化
user_init_flight	init，k，id， label_leg	virtual_flight_mod	飞行测量初始化
user_init_grid	gls	init_grid	特殊地形定义
user_init_land_surface		land_surface_model_mod	初始化陆地表面模型

名称	参数	调用处	任务
user_init_plant_canopy		init_3d_model	叶面积密度和冠层阻力系数的设定
user_init_radiation		radiation_model_mod	初始化辐射模型
user_init_urban_surface		urban_surface_mod	初始化城市表面模型
user_last_actions		palm	例如,重启运行的输出
user_lpm_advec	ip,jp,kp	lpm	初始粒子的改性
user_lpm_init		lpm	初始粒子的改性

4.4.9　用户界面例程列表(Ⅲ)(见表 4.6)

表 4.6　用户界面例程列表(Ⅲ)

名称	参数	调用处	任务
MODULE user (user_module.f90)			包含用户定义的变量和例程
user_parin		parin	阅读用户变量
user_rrd_global user_rrd_local	i,nxlfa,nxl_on_file, nxrfa,nxr_on_file, nynfa,nyn_on_file, nysfa,nys_on_file, offset_xa,offset_ya, overlap_count,tmp_2d, tmp_3d	rrd_global rrd_local	从重启文件中阅读用户定义的二维/三维阵列
user_spectra	mode,m,pr	data_output_spectra	附加用户定义量的输出/计算
user_statistics	mode,sr,tn	flow_statistics	计算附加水平平均值+时间序列数量
user_wrd_global user_wrd_local		wrd_global wrd_local	将用户定义的二维/三维阵列写入重启文件

有关用户界面例程列表的详细解释,请参见以下网址中的 PALM 在线文档: https://palm.muk.uni-hannover.detracsearch? q=userint

4.4.10　数据访问/交换

在标准 PALM 代码和用户界面之间,数据访问/交换通过在用户界面子程序中包含的各自 PALM modules 实现（见图 4.27）。

```
SUBROUTINE user_init_flight( init, k, id, label_lag )

   USE control_parameters

   USE indices

   USE kinds

   USE user

   IMPLICIT NONE

   CHARACTER(LEN=10), OPTIONAL ::  label_leg  !< label of the leg

   INTEGER(iwp), OPTIONAL                 :: id  !< variable id
   INTEGER(iwp), OPTIONAL, INTENT(INOUT) :: k  !< index of variable

   LOGICAL ::  init  !< true for initial call

   IF ( init )  THEN

[...]
```

图 4.27 用户界面部分代码

在用户界面中，数据访问/交换通过模块 user（位于文件 user_module.f90）实现。

4.4.11 user_actions 的用法（Ⅰ）

user_actions 旨在为预判方程添加附加项或者在每个时间步长的开始或结束时执行特定操作。

在默认 PALM 例程 time_integration 和 predictive_equations 中可以找到对 user_actions 的调用。被调用的位置通过字符串参数传递给例程，例如：

CALL user_actions('u-tendency')

这代表该调用来自 prognostic_equations 中的一行，其中 u 分量的趋势被计算，如图 4.28 所示。

```
...
   CALL user_actions( 'u-tendency' )


!
!-- Prognostic equation for u-velocity component
   DO  i = nxlu, nxr
      DO  j = nys, nyn
         DO  k = nzb+1, nzt
            u_p(k,j,i) = u(k,j,i) + ( dt_3d * ( tsc(2) * tend(k,j,i) +      &
                                                tsc(3) * tu_m(k,j,i) )      &
                                      - tsc(5) * rdf(k) *                    &
                                        ( u(k,j,i) - u_init(k) ) &
...
```

图 4.28 prognostic_equations 调用

4.4.12　user_actions 的用法(Ⅱ)

用户可以在 user_actions 的相应代码行中添加其他分量趋势,如图 4.29 所示。

```
SUBROUTINE user_actions( location )
.
.
!
!--    Here the user-defined actions follow
!--    No calls for single grid points are allowed at locations before and
!--    after the timestep, since these calls are not within an i,j-loop
       SELECT CASE ( location )
.
.

       CASE ( 'after_timestep' )
!
!--        Enter actions to be done after every timestep here

       CASE ( 'u-tendency' )
!
!--        Enter actions to be done in the u-tendency term here
           DO   i = nxl, nxr
             DO   j = nys, nyn
               DO   k = nzb+1, nzt
                   tend(k,j,i) = tend(k,j,i) - const * u(k,j,i) ...
               ENDDO
             ENDDO
           ENDDO

       CASE ( 'v-tendency' )
.
```

图 4.29　user_actions 添加其他分量部分代码

4.4.13　user_actions 的用法(Ⅲ)

prognostic_equations 的 不 同 版 本 (例 如, prognostic_equations_cache, prognostic_equations_vector)包含 user_actions 的不同调用。

(1)来自 prognostic_equations_vector 的调用:

　　CALL user_actions('u-tendency')

(2)来自 prognostic_equations_cache 的调用:

　　CALL user_actions(i,j,'u-tendency')

在使用 prognostic_equations_cache 的情况下,用户必须在接口例程 user_actions_ij 中添加其代码。

这里,只需要使用 k 循环(垂直方向),因为 i 和 j 上的循环是在 predictive_equipments_cache 中执行的。

图 4.30 展示了调用部分代码。

```
SUBROUTINE user_actions_ij( i, j, location )

.
.

!
!--     Here the user-defined actions follow
        SELECT CASE ( location )

           CASE ( 'u-tendency' )
!
!--     Enter actions to be done in the u-tendency term here
              DO  k = nzb+1, nzt-1
                 tend(k,j,i) = tend(k,j,i) + ...
              ENDDO

           CASE ( 'v-tendency' )
```

图 4.30　user_actions 调用

4.4.14　操纵用户界面

为了控制用户界面代码,用户可能希望添加一些附加变量,并在参数文件中(例如,example_cbl_p3d)设置它们各自的值。以名为 foo 的变量为例,需要进行如下操作:

(1)将变量名添加到模块 user 内,以便定义,并使它在所有用户界面子例程中可用。为此变量设置默认值,如图 4.31 所示。

```
MODULE user
...
REAL(wp)  ::  foo = 0.0_wp
```

图 4.31　添加变量名 foo

(2)将该变量添加到 NAMELIST/user_parameters/中。NAMELIST 已经包含五个预定义的变量,如图 4.32 所示。

```
SUBROUTINE user_parin
...
   NAMELIST /user_parameters/ data_output_pr_user, data_output_user, &
             data_output_masks_user, foo, region, user_module_enabled
...
END SUBROUTINE user_parin
```

图 4.32　设置变量位置

(3)将 NAMELIST&user_parameters 添加到参数文件中(例如,example_cbl_p3d),并为此变量赋值。同时设置 user_module_enabled=.TRUE,如图 4.33 所示。

```
&initialization_parameters  nx = ... /
&runtime_parameters  end_time = 3600.0, ... /

&user_parameters  user_module_enabled = .TRUE., foo = 12345.6  /
```

图 4.33　变量赋值

（4）使用例程 user_header 输出变量值。

4.4.15　用户定义的输出

用户的一个非常典型的要求是计算和输出不属于 PALM 标准输出的量（例如，三维分辨率垂直热流密度阵列分解）。

默认用户界面包括许多子程序，这些子程序允许计算用户所定义的量，并将这些量输出为轮廓、时间序列、二维横截面或三维体积数据。例如：

user_check_data_output，user_check_data_output_pr，

user_define_netcdf_grid，user_statistics，

user_3d_data_averaging，user_data_output_2d，

user_data_output_3d.

例如，有的子程序可用于计算和输出 u 分量速度的平方，其中代码行写为注释行。这些量被输出到 PALM 标准 NetCDF 文件，即

DATA_1D_PR_NETCDF，DATA_1D_TS_NETCDF，DATA_2D_XY_NETCDF 或

DATA_3D_NETCDF.

以下链接中的在线文档对于如何修改界面以输出用户定义的量给出了非常详细的说明：

http://palm-model.orgtracwiki/doc/app/userint/output。

4.4.16　重启运行的用户定义数据（Ⅰ）

可能需要在模型运行结束时保存用户定义的变量值，以便在重启运行时再次使用它们。这可以使用例程 user_wrd_local 来实现。

"14"是重启文件的文件 ID（本地文件名 BINOUT），如图 4.34 所示。

```
! Description:
! ------------
!> Writes processor specific and user-defined restart data into binary file(s)
!> for restart runs.
!-------------------------------------------------------------------------------!
    SUBROUTINE user_wrd_local

       IMPLICIT NONE

!
!--    Here the user-defined actions at the end of a job follow.
       CALL wrd_write_string( 'user_array1' )
       WRITE ( 14 )  user_array1

        CALL wrd_write_string( 'user_array2' )
       WRITE ( 14 )  user_array2

    END SUBROUTINE user_wrd_local
```

图 4.34　user_wrd_local 实现重启运行

4.4.17　重启运行的用户定义数据(Ⅱ)

除上述步骤外,还必须通过向例程 user_rrd_local 添加代码,从重启文件(文件 ID 为"13",本地文件名为 BININ)中读取这些变量,如图 4.35 所示。

```
SUBROUTINE user_rrd_local( i, k, nxlf, nxlc, nxl_on_file, nxrf, nxrc,      &
                        nxr_on_file, nynf, nync, nyn_on_file, nysf,      &
                        nysc, nys_on_file, tmp_3d, found )
...
!
!-- Here the reading of user-defined restart data follows:
!-- Sample for user-defined output
    found = .TRUE.

    SELECT CASE ( restart_string(1:length) )

        CASE ( 'user_array1' )
            IF ( .NOT. ALLOCATED( user_array1 ) ) THEN
                ALLOCATE( user_array1(nzb:nzt+1,nysg:nyng,nxlg:nxrg) )
            ENDIF
            IF ( k == 1 )  READ ( 13 )  tmp_3d
            user_array1(:,nysc-nbgp:nync+nbgp,nxlc-nbgp:nxrc+nbgp) = tmp_3d(:,nysf-nbgp:nynf+nbgp,nxlf-nbgp:nxrf+nbgp)

        CASE ( 'user_array2' )
            IF ( .NOT. ALLOCATED( user_array2 ) ) THEN
                ALLOCATE( user_array2(nzb:nzt+1,nysg:nyng,nxlg:nxrg) )
            ENDIF
            IF ( k == 1 )  READ ( 13 )  tmp_3d
            user_array2(:,nysc-nbgp:nync+nbgp,nxlc-nbgp:nxrc+nbgp) = tmp_3d(:,nysf-nbgp:nynf+nbgp,nxlf-nbgp:nxrf+nbgp)

        CASE DEFAULT
            found = .FALSE.

    END SELECT

END SUBROUTINE user_rrd_local
```

图 4.35　user_rrd_local 实现重启运行

4.4.18　使用带有 palmrun 的用户界面

用户可以通过执行以下步骤将自己的(已修改的)用户界面添加到 palmrun 中。

(1)将需要的默认(空)用户界面文件(例如,user_module. f90、user_init_grid. f90)复制到选择的目录中,例如:

cd~/palm/current_version

mkdir JOBS/example_cbl/USER_CODE

cp trunk/SOURCE/user_module. f90　　JOBS/example_cbl/USER_CODE

cp trunk/SOURCE/user_init_grid. f90　　JOBS/example_cbl/USER_CODE

(2)根据需要修改界面例程。

(3)通过执行以下命令启动 palmrun:

palmrun-r example_cbl...

注:user_＊. f90 文件将在作业/交互式运行中自动编译,并替换相应的 PALM 默认用户界面文件。

(4)修改后的用户界面文件不能使用 palmbuild 预编译。

(5)用户界面的编译可能非常耗时。可利用 palmrun 选项-V 重新使用用户界面例程,这些例程是之前的 palmrun 调用为了特定的运行标识符所编译的。

（6）PALM 的用户界面机制允许对不同的运行使用不同的界面（通过运行标识符区分），只需将各自的接口文件存储在子目录 JOBS/run_x/USER_CODE、JOBS/run_y/USER_CODE 等中即可。并使用选项-r run_x、-r run_y 等启动 palmrun。

（7）PALM 目前正在开发的新输出模块也将影响用户定义量的输出。

4.5　模式断点续存实现

4.5.1　"重启运行"的定义

重启运行（restart run）是一种模型式运行，即之前运行结束时的模拟流体作为重启运行的初始条件。这一系列的模式运行共同构成一个工作链。

为什么需要重启运行？

1.有限的中央处理器时间（Central Processing Unit time，CPU-time）

计算中心的模拟通常在批量处理环境中进行，在该环境中，对于每个批量处理作业，只能提供有限的计算资源（例如，CPU-time），因此可能需要将整个模拟过程拆分成几个部分。

2.未知的模拟时间

达到稳定状态时所需要的模拟时间往往不清楚，如果停止模拟时没有达到稳定状态，则可以通过重启运行继续模拟。

3.用户希望在相同初始开发的基础上用不同的参数进行多次运行

与初始运行相比，在重启运行中可以改变多个参数。

4.将"循环填充"方法与非循环边界条件一起使用

在这种情况下，需要重启运行。

4.5.2　执行作业链的初始运行

要确保重启运行的开始，初始运行需要与附加激活字符串"restart"一起提交：

palmrun-r testjob ...-a "d3# restart"

在运行结束时，所有必要的变量都将作为二进制数据写入 BINOUT 目录下的.palm.iofiles文件中。以最后一个时间步长中所有预测变量的三维数据为例：

```
BINOUT*  out:lnpe  restart  $fast_io_catalog/$run_identifier/RESTART  _d3d
```

This path is defined in config-file **.palm.config.<ci>**

注意：在计算中心模拟时，通常 $HOME 目录存储位置所在的硬盘容量有限，所以应该使用计算中心在快速光盘上提供的文件夹来存储非常大的 BINOUT 文件，通过.palm.config 文件中的 $fast_io_catalog 提供适当的路径。

4.5.3　用于重启运行的参数文件（Ⅰ）

对于重启运行,模型收到的参数文件与初始作业不同。例如,初始为 testjob_p3d,而收到的参数文件是 testjob_p3dr。

重启运行的参数文件与初始运行的参数文件几乎相同,但它必须包含参数设置。例如,initializing_actions = 'read_restart_data 位于 NAMELIST 目录下的 &initialization_parameters-group 中。

在重启运行中,文件 &initialization_parameters 中的所有其他设置都将被忽略。

与初始运行的设置相比,重启运行文件 &runtime_parameters 中的设置可以自由更改。

4.5.4　用于重启运行参数文件（Ⅱ）

重启运行中进一步运行的时间参数的设置(针对_p3d 和_p3dr)如下:
termination_time_needed

如果给定的 CPU 时间(利用 palmrun 选项-t)太短而无法完成整个运行,PALM 将在 CPU 时间完全消耗之前的某个时间点停止模拟,该时间点由所设置的参数定义。因为大型二进制重启文件的输出可能需要大量时间,所以剩余的"额外时间"是运行所需的。termination_time_needed(所需终止时间)的默认值为 35 秒,根据模拟使用的网格点数量以及相应的计算机系统需要而增加。

通过 restart_time、dt_restart 这些参数,可以定义特定的模拟时间和间隔,在这些时间和间隔下,将强制开始重启运行。

注意:如果在设定时间之前已达到 CPU 时间限制,重启运行也将强制开始。

4.5.5　手动提交重启运行与 palmrun

一项作业完成后,即达到 end_time,用户可以通过输入以下命令手动提交重启作业(前提是重启数据已保存):

palmrun...-a "d3r ..."...

或者用于进一步的重启运行

palmrun...-a "d3r restart ..."...

在提交进一步的重启运行之前,请记住增加_p3dr 文件中 end_time 的值。

在作业结束时,默认设置为相应二进制文件的倒数第二个循环被自动删除。这可以通过 palmrun 选项"-k"设置来避免。

如果手动启动的重启作业需继续运行工作链中较早的作业(假设已经使用了 palmrun 选项"-k"),则必须删除或重命名具有较高循环编号的二进制文件目录,或将其移至其他目录。例如,$ fast_io_catalog/testjob/RESTART 中的可用重启文件目录:

$$\text{模式应该从这里开始} \longrightarrow \begin{cases} \text{testjob\_d3d} \\ \text{testjob\_d3d.001} \end{cases}$$

$$\begin{aligned} &\text{将这些目录删除、重命名或移动到其他位置} \\ &\text{（否则重启作业开始使用 003 循环）} \end{aligned} \begin{cases} \text{testjob\_d3d.002} \\ \text{testjob\_d3d.003} \end{cases}$$

4.5.6　进一步提示

相关内容可参见以下链接中的文档：

https://palm.muk.uni-hannover.detracwiki/doc/app/runs

4.6　输出数据可视化

4.6.1　综述

（1）PALM 产生 NetCDF 数据的输出，包含三维数据、xy-横截面、xz-横截面、yz-横截面数据、时间序列数据、光谱数据。

（2）为产生数据可视化可使用不同的工具。

①编程语言，如 The NCAR Command Language(NCL)、Python、R……

②带有 GUI 的程序，如 ncview、Panoply……

③基于 python 脚本与 PALM 一起提交，如 palmplot。

（3）目标是使用户开始进行 PALM 输出数据的可视化，而并非仅仅提供一个数据可视化的工具。

4.6.2　NetCDF 介绍

NetCDF(Network Common Data Format)，即网络通用数据格式，有如下特点：

（1）由大学大气研究公司(University Corporation for Atmospheric Research)开发；

（2）运用独立于机器的数据格式（开放标准）；

（3）采用面向阵列的科学数据；

（4）数据是自描述的（有关解释，请参见以下网址：

https://ops.aps.anl.gov/manuals/SDDStoolkit/SDDStoolkitse1.html）

（5）头文件描述文件布局、内容和全局属性；

（6）元数据（关于数据的信息，它简化了数据的定位/存档）的属性为单位或数据类型。

（7）代码是用 C 写的，为 C、C++、Fortran 提供了一个应用程序编程接口(application programming interface，API)，并在 Java 中独立实现。

(8)netCDF 的接口有 R、Perl、Python、Ruby、Haskell、Mathemtica、MATLAB、IDL、Octave。

(9)支持并行输入/输出(Parallel-NetCDF,HDF-5)。

4.6.3　Ncview

1. Ncview 简介

(1)通过命令行启动:ncview〈filename〉。

(2)选择感兴趣的变量,如图 4.36 所示

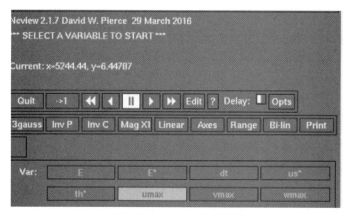

图 4.36　Ncview 启动界面

2. 提示和功能

(1)x 键将始终用于关闭应用程序;

(2)鼠标左键单击前进,右键单击后退;

(3)设置范围:光标必须在输入字段处。

(4)在绘图中单击鼠标左键可得到直线图。

(5)再次单击可添加线。

左键单击关闭退出(不是 x 键),如图 4.37 所示。

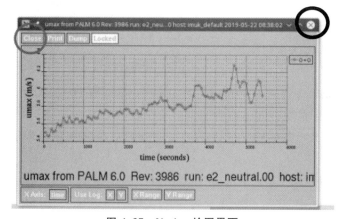

图 4.37　Ncview 绘图界面

4.6.4　panoply

panoply 是一个由 netCDF、HDF 和 GRIB 组成的数据查看器,由美国国家航空航天局(National Aeronalltics and Space Administration,NASA)(https://www.giss.nasa.gov/tools/panoply/)开发。能直观方便地访问数据文件的内容;可轻松编辑绘图,可设定绘图范围/比例、区域、范围、分类,能生成垂直剖面,创建规范的图表,导出图片和动画。

4.6.5　palmplot

palmplot 是 PALM 附带的 shell 脚本。其目的是为 PALM 输出明确其开发,以在社区中统一可视化。其具有如下特点:

(1)基于 NCL;

(2)是经过科学数据处理设计的解释语言(无编译);

(3)能够进行数据分析和可视化;

(4)支持 NetCDF3/4、GRIB1/2、HDF4/5、ASCII、二进制等;

(5)执行:ncl script.ncl;

(6)从以下途径获得:www.ncl.ucar.edu/Download/。

(7)在以下网址找到 NCL 脚本:https://palm.muk.uni-hannover.detracwiki/doc/app/nc/。

(8)有关文件可在以下链接找到:https://palm.muk.uni-hannover.detracwiki/doc/app/ncl。

创建 palmplot 命令行:

palmplot 〈plot_identifier〉file_1=〈file〉format_out=〈format〉file_out=〈file〉

(9)在 JOBS/〈run_name〉/OUTPUT 中执行命令。

(10)〈plot_identifier〉的可能选项如表 4.7 所示。

表 4.7　〈plot_identifier〉的可能选项

〈plot_identifier〉	数据集	使用 ncl 脚本(.ncl)
xy	xy 或三维	cross_sections
xz	xz 或三维	cross_sections
yz	xz 或三维	cross_sections
pr	概述或三维	配置文件
ts	时间序列	时间序列
sp	光谱	光谱

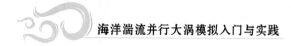

创建 palmplot 命令行：

palmplot ⟨plot_identifier⟩ file_1＝⟨＜file⟩ format_out＝⟨format⟩ file_out＝⟨file⟩

(11)通过键入 palmplot? 可获得对 palmplot 的一个简短介绍。

(12)可用参数列表通过以下网址获得

https：//palm. muk. uni-hannover. detracwiki/doc/app/nclparlist

(13)可用参数因⟨plot_identifier⟩s 不同而不同。

第 5 章 实践算例

5.1 海气耦合

5.1.1 海气耦合模式简介

大气和海洋是影响地球气候系统的两个重要因素,它们之间的相互作用是海洋和大气研究的重要课题,海气耦合模式则是研究海气相互作用的重要工具,而海气耦合模式重点考虑的参数是海气通量。针对传统的大尺度海气耦合模式缺少湍流尺度分析的问题,本节使用并行大涡模拟模型(PALM)海气耦合部分,在小尺度上探究风速对海气通量及湍流动能收支的影响,设置了 $5\,\mathrm{m/s}$、$10\,\mathrm{m/s}$ 和 $15\,\mathrm{m/s}$ 三种地转风速度,对大气边界层(ABL)和海洋混合层(OML)进行海气耦合模拟。

为了研究大气边界层(ABL)和海洋混合层(OML)中湍流过程之间的相互作用,PALM组开发了一种海气耦合模式。这种耦合模式是通过两个大涡模拟(一个大气和一个海洋)之间在海面上的变量实时在线交换实现的。图 5.1 展示了海气耦合的通用方法:大气通过恒定通量层与海洋进行耦合。

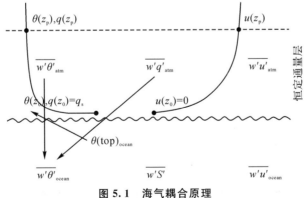

图 5.1 海气耦合原理

海洋和大气之间的通量守恒要求根据水的密度 $\rho_{1,0}$ 调整动量通量 $\overline{w''u''}_0$、$\overline{w''v''}_0$:

$$\overline{w''u''}_0 \mid_{\text{ocean}} = \frac{\rho_0}{\rho_{1,0}} \overline{w''u''}_0 , \overline{w''v''}_0 \mid_{\text{ocean}} = \frac{\rho_0}{\rho_{1,0}} \overline{w''v''}_0 \qquad (5.1.1)$$

海水蒸发导致海面冷却,海洋的热通量 $\overline{w''\theta''}_0 \mid_{\text{ocean}}$ 既依赖于大气的热通量 $\overline{w''\theta''}_0$,也依赖于大气在海表面的湿度通量 $\overline{w''q''}_0$,公式表示为:

$$\overline{w''\theta''}_0 \mid_{\text{ocean}} = \frac{\rho_0}{\rho_{1,0}} \frac{c_p}{c_{p,1}} \left(\overline{w''\theta''}_0 + \frac{L_v}{c_p} \overline{w''q''}_0 \right), \qquad (5.1.2)$$

式中,$c_{p,1}$ 是水在恒压下的比热容。由于盐不会蒸发,海水的蒸发也会导致海水含盐量的增加。这一过程仿照 Steinhorn(1991)在海面的负(向下)盐度通量 $\overline{w''s''}_0 \mid_{\text{ocean}}$ 来表示:

$$\overline{w''s''}_0 \mid_{\text{ocean}} = -\frac{\rho_0}{\rho_{1,0}} \frac{s}{1000-s} \overline{w''q''}_0, \qquad (5.1.3)$$

将海面位温 θ_0 和水平速度分量 u_0、v_0 作为表面边界条件传递到大气中:

$$\theta_0 = \theta_0 \mid_{\text{ocean}}, u_0 = u_0 \mid_{\text{ocean}}, v_0 = v_0 \mid_{\text{ocean}} \qquad (5.1.4)$$

大气和海洋的时间步长是单独设置的,不要求相等,然后以用户指定的频率执行耦合。目前,该耦合要求大气和海洋的水平域的大小相等,而耦合则是通过海面数据的双向双线性插值实现的。此外,可以为大气和海洋执行非耦合的前驱运行,然后再进行耦合的启动运行,在大气和海洋中,由于模式稳定时间的不同,因此可以减小计算量,这也是本书所使用的方法。

5.1.2 海气耦合模式运行

1. 前期准备

耦合的大气海洋运行需要提供两个参数文件,分别控制大气运行和海洋运行,例如:

...JOBScoupled_run/INPUT/coupled_run_p3dr

...JOBScoupled_run/INPUT/coupled_run_o_p3dr

大气和海洋的参数可以独立选择,但它们应该形成一个有物理意义的设置。参数必须满足的唯一条件是具有相同的水平域大小,即 $(nx+1)\mathrm{d}x$ 和 $(ny+1)\mathrm{d}y$ 分别必须在两个参数文件中一样。

必须设置一个额外的 palmrun 选项 Y 来激活耦合,并为各自的大气/海洋模式分配核心:

palmrun...X 40 Y "2020"

在这种情况下,总共需要 40 个核心,其中 20 个核心将分配给大气模式,20 个核心将分配给海洋模式。

2. 模式启动

在耦合启动前,每个模型都可以单独运行,使得产生的湍流达到稳定,而所需时间通常在大气和海洋之间有显著差异,这种运行也称为前驱运行,如图 5.2 所示。

图 5.2　前驱运行

需要通过运行时参数 coupling_start_time 来设置各自模型在未耦合状态下运行的时间间隔,需要 end_time-coupling_start_time＝0。

3. 前驱运行启动步骤

(1)分别启动运行控制大气和海洋的参数文件,例如:

...JOBScoupled_run/INPUT/coupled_run_p3d

...JOBScoupled_run/INPUT/coupled_run_o_p3d

(2)在 coupled_run_p3d 中设置如下:

end_time＝3600.0

coupling_start_time＝3600.0

(3)在 coupled_run_o_p3d 中设置如下:

end_time＝40000.0

coupling_start_time＝40000.0

(4)分别进行大气和海洋的前驱运行,并存储重启数据。

①大气部分:

palmrun-r coupled_run-c default-X 20-T 20-a "d3# restart"

运行上述指令后会出现如下选项,输入"y"后按回车键,如图 5.3 所示。

图 5.3　控制器界面(大气部分)

之后会出现运算进度条,如图 5.4 所示。

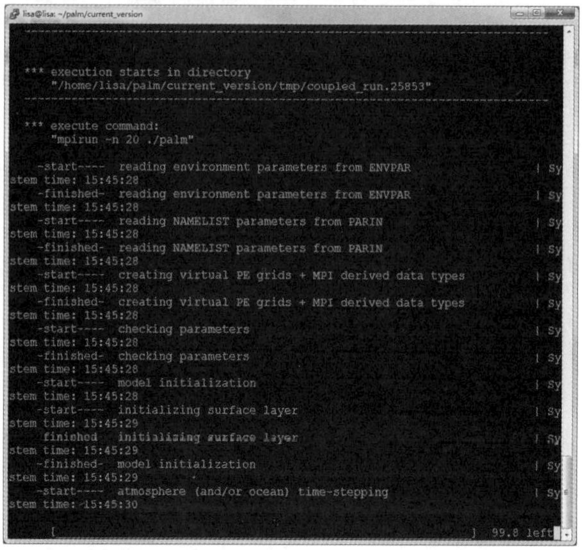

图 5.4　模式运行进度显示(大气部分)

②海洋部分:

palmrun-r coupled_run-c default-X 20-T 20-a "d3o♯ restart" -y

运行上述指令后会出现如下选项(见图 5.5),输入"y"后按回车键。

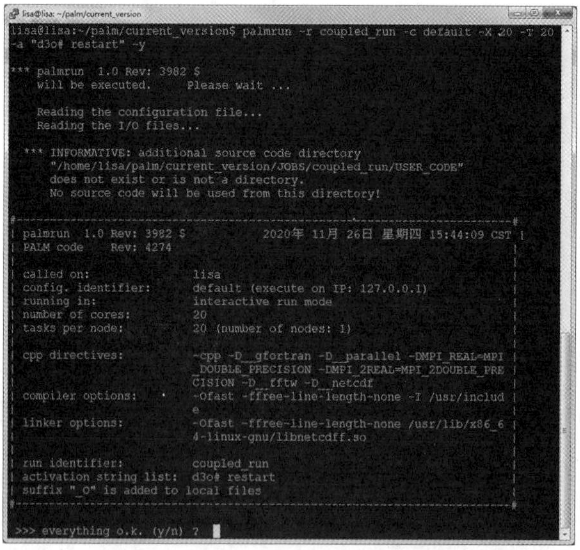

图 5.5　控制器界面(海洋部分)

之后会出现运算进度条,如图 5.6 所示。

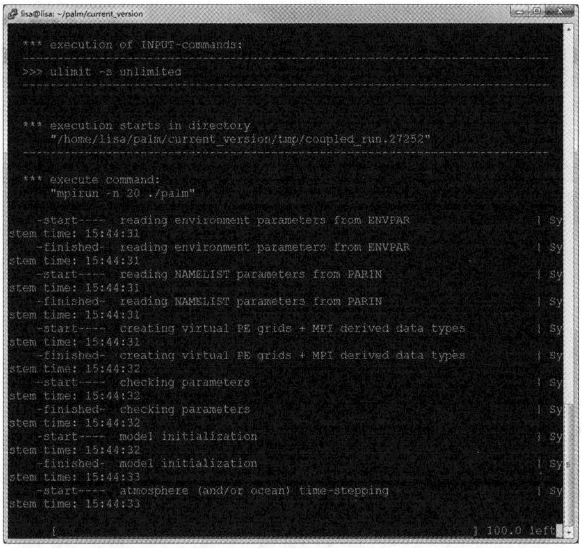

图 5.6 模式运行进度显示(海洋部分)

4. 耦合启动步骤

上述步骤完成后,进行如下步骤:

(1)将参数文件复制并手动重新启动数据并将其存储到耦合运行所使用的文件夹(名称由运行标识符给出)中。海洋数据需要后缀 o。假设耦合模型运行时间为20000s,以 atmosphere e_spinup_p3d 为例:

end_time=23600.0

coupling_start_time=3600.0

例如,在 ocean_spinup_p3d 中:

end_time=60000.0

coupling_start_time=40000.0

海洋数据输入需加入后缀,则为:coupled_o_p3d。

(2)执行耦合运行:

palmrun-r coupled_run-X 40-Y "2020"-a "d3r d3or restart" -y

运行上述指令后会出现选项,输入"y"后按回车键,出现运算进度条后,等运算结束就能得到输出文件。

5.1.3 模式输出结果

本节算例的模式设置中大气部分的网格数是 $100 \times 100 \times 60(x,y,z)$,网格大小是 $1 \times 1 \times 5(m^3)$;海洋部分的网格数是 $100 \times 100 \times 100(x,y,z)$,网格大小是 $1 \times 1 \times 1(m^3)$。大气表面温度是 270.6K,温度梯度是 0.015K/m;海洋温度设置为 272.65K,盐度为

34.8psu,纬度设置为45°,本书不考虑海洋分层和海洋背景流。PALM 海气耦合分为两部分:前驱运行和耦合运行。其中前驱运行中大气模式的运行时间是 7200s,海洋模式则是 40000s;耦合运行的时间均为 86400s,并设置了三种地转风速度(5m/s,10m/s,15m/s)。

将输出文件中的垂向动量进行水平平均,得到图 5.7。

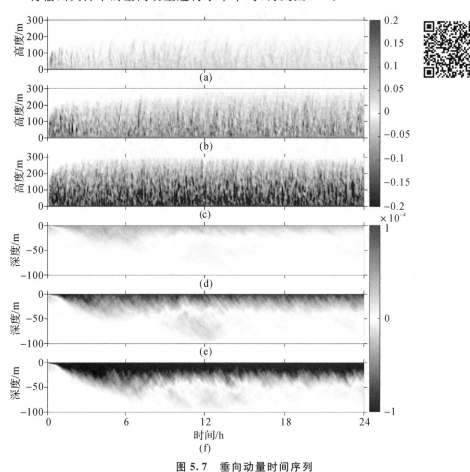

图 5.7 垂向动量时间序列

注:(a)(b)(c)为大气部分,(d)(e)(f)为海洋部分;(a)(d)风速为 5m/s,(b)(e)风速为 5m/s,(c)(f)风速为 15m/s。

将耦合结果与非耦合模式输出结果作对比,如图 5.8 所示。图 5.8 中图(a)为耦合模式下 u 方向垂向流速时间序列,图(b)为非耦合模式下 u 方向垂向流速时间序列,图(c)为耦合模式下 v 方向垂向流速时间序列,图(d)为非耦合模式下 v 方向垂向流速时间序列。

图 5.7 和图 5.8 中的变量是 PALM 支持输出的众多变量之一,你可以根据自己的研究方向,在输出文件中添加自己感兴趣的变量加以研究。

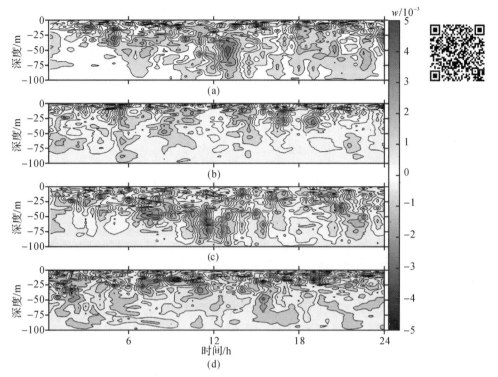

图 5.8　垂向流速时间序列

　　本节算例所展示内容已发表于《海洋与湖沼》,具体内容可参见孙丹译(2020)"基于大涡模拟耦合模式的小尺度海气相互作用研究"。

5.2　海洋上层混合(Langmuir 环流)

5.2.1　海洋模式

　　PALM 允许使用海洋模式来研究海洋混合层(OML),其中海面对应于模型的顶部,因此负的 z 表示深度。

　　在此之后,我们使用单词 surface 和索引 0 来表示海面和海洋模型顶部的变量。有关特定于海洋的参数请参见附表。

　　海洋模式与大气模式的不同之处在于一些修改,这些修改在代码中按大小写区分进行处理,因此两个版本共享相同的基本代码。特别是,海水浮力和静态稳定性不仅取决于温度,还取决于盐度 Sa。为了考虑盐度对密度的影响,添加了 Sa 的预测方程:

$$\frac{\partial \text{Sa}}{\partial t} = -\frac{\partial u_j \text{Sa}}{\partial x_j} - \frac{\partial}{\partial x_j}(\overline{u''_j \text{Sa}''}) + \Psi_{\text{Sa}} \tag{5.2.1}$$

式中，Ψ_{Sa}表示 Sa 的源/汇项。此外，在动量方程的浮力项中，θ_v 用电势密度来代替。

$$+ g \frac{\theta_v - \langle \theta_v \rangle}{\langle \theta_v \rangle} \delta_{i3} \longrightarrow - g \frac{\rho_\theta - \langle \rho_\theta \rangle}{\langle \rho_\theta \rangle} \delta_{i3} \qquad (5.2.2)$$

在 SGS-TKE 方程的稳定相关项中：

$$+ \frac{g}{\theta_{v,0}} \overline{u''_3 \theta'_v} \longrightarrow + \frac{g}{\rho_{\theta,0}} \overline{u''_3 \rho''_\theta} \qquad (5.2.3)$$

在混合长度的计算中：

$$\left(\frac{g}{\theta_{v,0}} \frac{\partial \theta_v}{\partial z} \right)^{-\frac{1}{2}} \longrightarrow \left(\frac{g}{\rho_{\theta,0}} \frac{\partial \rho_\theta}{\partial z} \right)^{-\frac{1}{2}} \qquad (5.2.4)$$

利用 Jackett 等（2006）提出的算法，由每一时间步长后的海水状态方程计算出 ρ_θ。该算法基于 Sa、θ 和 p 的多项式（参见 Jackett et al.，2006，表 A2）。此时，这个方程中只有 p 的初值。

海洋是由顶部规定的动量通量、热量和盐度驱动的。模型底部的边界条件可以选择为大气运行，包括使用海底地形。

如 Noh 等（2004）所述，海洋模式也可以解释表面波的影响（Langmuir 环流和破波）。当前状态下的海洋模式被 Esau(2014)用于模拟海洋混合层，他通过大气-海洋耦合方案研究了空气-海洋的间接相互作用。请注意，以前大多数关于 OML 的 PALM 研究使用的是大气模式、z 轴反演和结果的适当归一化，而不是使用相对较新的海洋选项（例如，Noh et al.，2004，2009）。

通过在输入参数文件中提供 Fortran namelist & ocean_parameters 来打开海洋模式。

5.2.2 设置海洋混合层运行

自从 PALM(4.0)版本被开发应用以来，PALM 的海洋模式已经模块化，并通过在 Fortran 模型操作的名称列表文件中添加 &ocean_parameters 来激活（参见 doc/app/par）。可用于操纵海洋模式的完整参数列表参见 https://palm. muk. uni-hannover. detracwiki/doc/app/oceanpar。

可以从库中下载用于模拟海洋混合层（OML）的 Fortran 名称列表的示例文件。

在本例中，激活了斯托克斯（Stokes）漂移（产生 Langmuir 环流），并且开启了波浪破碎。本例仿照了 Noh 等人（2004）所设置的初始条件和边界条件。

下载 NAMELIST 文件后，需要通过编辑文件手动调整一些参数，以适应 Noh 等人（2004）的初始设置。

stokes_waveheight 表示波高，stokes_wavelength 表示波长，wave_breaking 是波浪破碎效果的开关。设置效果如图 5.9 所示。

```
&ocean_parameters
    stokes_waveheight        = 1.0        ! results in a turbulent Langmuir
                                          ! number La = 0.45
    stokes_wavelength        = 40.0,      ! results in a turbulent Langmuir
                                          ! number La = 0.45
    wave_breaking            = .T.,       ! The implemented parameterization is
                                          ! designed for a vertical grid spacing
                                          ! of dz = 1.25m and time steps of
                                          ! about 4 s. It will probably fail for
                                          ! other setups.
                                          ! Attention:
                                          ! For Noh et al. switch to .T.
    surface_cooling_spinup_time = 900.0,  ! add a surface cooling only at start
                                          ! in order to initiate turbulence

    salinity                 = .TRUE.,    ! salinity switched on just for
                                          ! testing the salinity code
                                          ! remove this and the following two
                                          ! parameters for simulating the
                                          ! Noh et al. case
    bc_sa_t                  = 'neumann',
    top_salinityflux         = 0.0,       ! zero salinityflux at ocean surface

/ ! end of ocean parameters
```

图 5.9　p3d 文件设置

输入以下指令：

palmrun-r oml-c default-X 16-T 16-a "d3♯"

运行上述指令后会出现如下选项（见图 5.10），输入"y"后按回车键。

图 5.10　出现选项

等待进度条结束后得到模式输出文件。

5.2.3　模式输出结果

图 5.11 表示开启 Langmuir 环流后得到的垂向流速水平截面。图 5.11 中(a)图为选取水深 $z=-10\text{m}$ 时的水平截面,(b)图为选取水深 $z=-25\text{m}$ 时的水平截面。w/u_* 表示无量纲流速,其中 w 为垂向流速 w 分量,u_* 为摩擦速度。

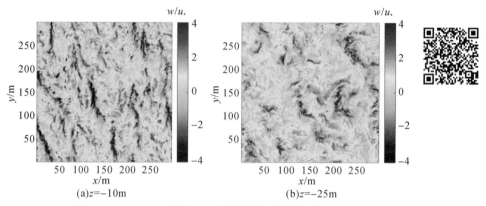

图 5.11　垂向流速水平截面

5.3　生物耦合

5.3.1　描述与需求

这次练习的目的为使用不可循环边界条件,模拟含营养盐的流体。你将会学到如何利用被动示踪物模拟营养盐的分布。

5.3.2　模型的建立

模型各参数设置如下:

(1)区域尺寸:80m^3,立方体;

(2)网格大小:2m;

(3)表层营养盐浓度为 $60\mu\text{g}$,底层营养盐浓度为 $20\mu\text{g}$;

(4)营养盐浓度梯度为 $0.5\mu\text{g}\cdot\text{m}^{-1}$;

(5)流体初始速度:$u=1\text{m}\cdot\text{s}^{-1}$,$v=0\text{m}\cdot\text{s}^{-1}$;

(6)没有科氏力;

(7)模拟时间:1h;

(8)模拟区域的温度为 288.15K;

(9)盐度为 28psu。

5.3.3　需要回答的问题

(1)利用模拟输出变量来尝试回答接下来的问题；

(2)查看 u、v、w 在水平和垂向切面的平均值；

(3)如何解释速度、动量通量、营养盐关于水平和时间平均垂向剖面的形状？

5.3.4　其他

(1)控制被动示踪物的参数为：

passive_scalar(被动示踪物的预判方程)；

s_surface(初始条件)；

bc_s_b,bc_s_t(边界条件)。

(2)模拟时间：

参考参数 end_time。

(3)p3d 文件展示：

```
&initialization_parameters
!-- grid parameters
     nx=79, ! Number of gridboxes in x-direction(nx+1)
     ny=39, ! Number of gridboxes in y-direction(ny+1)
     nz=40, ! Number of gridboxes in z-direction(nz)
     dx=2.0, ! Size of single gridbox in x-direction
     dy=2.0, ! Size of single gridbox in y-direction
     dz=2.0, ! Size of single gridbox in z-direction
!-- topography
     psolver='multigrid', ! set pressure solver
!-- numerics
     fft_method='temperton-algorithm', ! build-in fft method
!-- initialization
     initializing_actions='set_constant_profiles', ! initial conditions
     pt_surface=288.15,
     passive_scalar=.T.,
     s_surface=6e-9,
     s_vertical_gradient=5e-9,
     s_vertical_gradient_level=0,-80,
     ug_surface=0.2, ! u-comp of geostrophic wind at surface
```

```
        vg_surface=0. 0, ! v-comp of geostrophic wind at surface
        use_top_fluxes=. T. , ! k=nz, sea-surface
        use_surface_fluxes=. F. , ! k=1, bottom boundary
        constant_flux_layer=. T. ,
    !-- Heat/salt flux
        top_heatflux=0. 00005,
    !-- boundary conditions
        bc_lr= 'dirichlet/radiation', ! non-cyclic
    / ! end of initialization parameter namelist


    !-- RUNTIME PARAMETER NAMELIST
&runtime_parameters
    !-- run steering
        end_time=3600. 0, ! simulation time of the 3D model
        create_disturbances=. FALSE. , ! randomly perturbate horiz. velocity
    !-- data output
        dt_run_control=60. 0, ! output interval for run control
        dt_data_output=1800. 0, ! output interval for general data
        dt_dots=60. 0, ! output interval for time-series data
        dt_dopr=1800. 0, ! output interval for profile data
        data_output= 'u', 'u_av', 'v', 'v_av', 'w', 'w_av', 'theta', 's', 'sa',
        data_output_pr= '#u', 'u*2', 'wu', 'w*u*', 'w"u"', '#v', 'v*2',
                    'wv', 'w*v*',
                    'w"v"', 'w', 'w*2', 'e', 'e*', '#km', '#l', 's',
                    'sa', 'theta',
        averaging_interval=1800. 0, ! averaging interval general data
        dt_averaging_input=6. 0, ! averaging general data sampling rate
        averaging_interval_pr=1800. 0, ! averaging interval profile data
        dt_averaging_input_pr=6. 0, ! averaging profile data sampling rate
&ocean_parameters
    !-- set parameters
        bc_sa_t= 'neumann',
        top_salinityflux=0. 0,
        wave_breaking=. FALSE. ,
        salinity=. TRUE. ,
        surface_cooling_spinup_time=900. 0,
```

sa_surface=28，

/! end of runtime parameter namelist

5.4 海底地形

5.4.1 需求

这个练习的目的为使用不可循环边界条件模拟流体经过单个方块。你将会学到如何利用层流条件,设置地形和非循环边界条件。

5.4.2 模型的建立

用标准的不可循环边界来模拟流体通过单一方块,设置如下:

(1)区域尺寸:80m³,立方体;

(2)网格大小为 2m,等间距;

(3)单一方块位于区域中心(方块长度为 40m);

(4)中性边界处于开启状态;

(5)初始速度:$u=1m \cdot s^{-1}$,$v=0m \cdot s^{-1}$;

(6)在 x 方向施加额外的外部压强$-2\times10^{-4}Pa \cdot m^{-1}$;

(7)没有科氏力;

(8)模拟时间:1h。

5.4.3 需要回答的问题

(1)利用模拟输出变量来尝试回答接下来的问题;

(2)查看 u、v、w 在水平和垂向切面的平均值;

(3)如何解释速度和动量通量关于水平和时间平均垂向剖面的形状?

(4)模拟是否是一个完全发展的大涡模拟?

5.4.4 其他

(1)请按照以下步骤执行:

创建一个包含给定名单文件的新的作业目录:

cube_nocyc_p3d and 以及地形文件 cube_cyc_topo

(2)使用 palmrun 开始模拟。

(3)p3d 文件展示:

!-- INITIALIZATION PARAMETER NAMELIST
&initialization_parameters
    !-- grid parameters
        nx=79, ! Number of gridboxes in x-direction(nx+1)
        ny=39, ! Number of gridboxes in y-direction(ny+1)
        nz=40, ! Number of gridboxes in z-direction(nz)
        dx=2.0, ! Size of single gridbox in x-direction
        dy=2.0, ! Size of single gridbox in y-direction
        dz=2.0, ! Size of single gridbox in z-direction
    !-- initialization
        initializing_actions= 'set_constant_profiles', ! initial conditions
        ug_surface=1.0, ! u-comp of geostrophic flow
        vg_surface=0.0, ! v-comp of geostrophic flow
    !-- physics
        omega=0.0, ! no Coriolis force
    !-- boundary conditions
        bc_uv_t= 'neumann', ! free-slip boundary condition
        bc_lr= 'dirichlet/radiation', ! non-cyclic, ! left/right boundary
    !-- numerics
        psolver= 'multigrid', ! set pressure solver
        mg_cycles=2, ! set number of cycles for multigrid solver
    !-- topography
        topography= 'read_from_file', ! use input file
/ ! end of initialization parameter namelist

!-- RUNTIME PARAMETER NAMELIST
&runtime_parameters
    !-- run steering
        end_time=3600.0, ! simulation time of the 3D model
        create_disturbances= .FALSE., ! randomly perturbate horiz. velocity
    !-- data output
        dt_run_control=60.0, ! output interval for run control
        dt_data_output=1800.0, ! output interval for general data
        dt_dots=60.0, ! output interval for time-series data
        dt_dopr=1800.0, ! output interval for profile data
        data_output= 'u','u_av','v','v_av','w','w_av',

```
data_output_pr= '#u','u*2','wu','w*u*','w"u"'' #v','v*2','wv',
                'w*v*','w"v"','w','w*2','e','e*',' #km','#l',
averaging_interval=1800.0,! averaging interval general data
dt_averaging_input=6.0,! averaging general data sampling rate
averaging_interval_pr=1800.0,! averaging interval profile data
dt_averaging_input_pr=6.0,! averaging profile data sampling rate
/! end of runtime parameter namelist
```

5.5　三角地形之层结流体湍流动能收支模型

本节算例数值区域设计为 $100 \times 100 \times 100 (\mathrm{m}^3)$ (x, y, z) ,空间分辨率为 1m,计算时间为 7200s,时间步长为 1s,海表位温为 275K。$-50 \leqslant z \leqslant 0$ 时垂直梯度为 $-0.015\mathrm{K/m}$,$-100 \leqslant z \leqslant -50$ 时垂直梯度为 $-0.01\mathrm{K/m}$ 。海水盐度为 32.0psu,$-50 \leqslant z \leqslant 0$ 时垂直梯度为 0.015psu/m,$-100 \leqslant z \leqslant -50$ 时垂直梯度为 0.01psu/m。x 方向的背景流为 1m/s,y 方向的背景流为 0,科式力被忽略,粗糙度为 0.1。

使用三角地形来简化模拟海底地形情况,地形结构是完全密闭、不可透过的,符合海底山丘的简化特征。在空间直角坐标系中,设计三维地形模型地形底边半长用 r 表示,地形高度用 h 表示,水深沿 z 方向,地形表面光滑。采用三角地形斜坡的坡陡作为地形参数,记为 δ ,$\delta = \dfrac{h}{r}$,得到的参数 δ 是无量纲的。在本节中设置三种地形: $\delta = 0.5, 1, 2$ 。定义 δ 值为 1 时为临界地形,小于 1 时为亚临界地形,大于 1 时为超临界地形。三种地形设置的具体参数如表 5.2。

表 5.2　三种地形设置的具体参数

地形参数 δ	地形半底边长 r/m	地形高度 h/m
0.5	15	7.5
1	15	15
2	15	30

三种地形设置在 $x\text{-}z$ 方向上的剖面如图 5.12 所示。横坐标 x/r 和纵坐标 z/h 分别表示无量纲水平距离和无量纲水深。

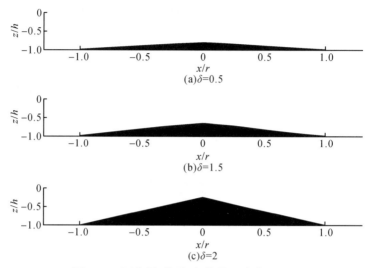

图 5.12　亚临界、临界、超临界三种地形设置

输出文件中速度 u 分量在 x-z 剖面的分布如图 5.13 所示。

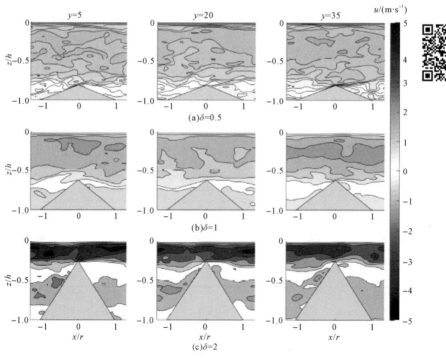

图 5.13　速度 u 分量在 x-z 方向的剖面

注:各图中横坐标为 x/r,纵坐标为 z/h。

图 5.12 和图 5.13 中的变量是 PALM 支持输出的众多变量之一,你可以根据自己的研究方向,在输出文件中添加自己感兴趣的变量加以研究。

本节算例所展示内容已发表于《海洋科学》,具体内容可参见阳德华(2019)"基于大涡模拟的三角形地形之层结流体湍动能收支模型"。

5.6　Langmuir 环流与岛屿尾流的相互作用

为了探究 LC 与岛屿尾流的相互作用,在海洋模式中加入圆柱地形,以圆柱绕流的形式模拟岛屿尾流,地形的加入在 5.4 节中已介绍。本节算例的模式设置中海洋部分的网格数是 $480 \times 240 \times 64$（x,y,z）,网格大小是 $1.25 \times 1.25 \times 1.25$（$m^3$）。所以模拟区域大小是 $600 \times 300 \times 80$（m^3）（x,y,z）,圆柱直径（D）是 50m,圆柱长度（H）是 80m,圆心坐标是（100,150）,见图 5.14。图中 U_0 及箭头表示来流速度及来流方向。

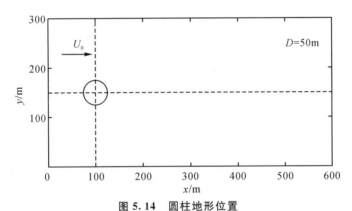

图 5.14　圆柱地形位置

模式的温度设置为 272.65K,盐度是 34.8psu,纬度为 0°,背景流速为 0.1 $m \cdot s^{-1}$,地转风速为 15m $\cdot s^{-1}$,本书不考虑海洋分层。模式中的侧边界则是非周期性边界条件,水流从左侧流入,从右侧流出,模式中的下(上)边界采用的是自由滑移边界条件,模式运行时长为 28800s。

之后再考虑耦合模式下的变化,模式设置中大气部分的网格数是 $120 \times 60 \times 60$（x,y,z）,网格大小是 $5 \times 5 \times 5$（m^3）;大气模式中侧边界条件是周期性边界条件,海洋模式中侧边界条件则是非周期性边界条件。大气模式的表面温度是 270.6K,温度梯度是 0.015K/m,海前驱运行中大气模式的运行时间是 7200s,海洋模式则是 10800s,耦合运行的时间均是 28800s,耦合步长均是 30s。

海洋湍流并行大涡模拟入门与实践

输出文件中在无风速条件下,水下10m处的水平流线图为图5.15,图5.16是圆柱周围局部放大图。

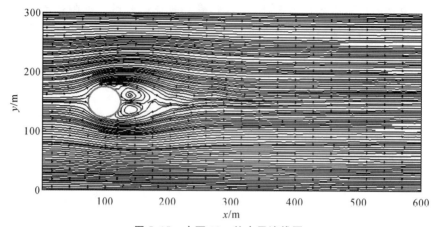

图 5.15　水下 10m 处水平流线图

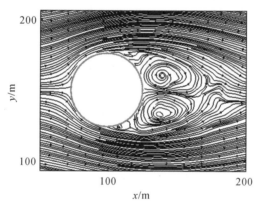

图 5.16　水下 10m 处水平流线图局部

5.7　对流不稳定引起的混合

对流动力学分为两类:由加热引起的来自海底的热液羽流上升与由冰形成的冷却效应引起的盐排斥导致的密集地表水下降(Goodman et al.,2004；Speer and Marshall,1995；Marshall and Schott,1999；Klinger and Marshall,1995)。本节算例研究热液喷口对海洋环境和气候变化的影响。

本节算例的模式设置中海洋部分的网格数是 $160 \times 160 \times 160$ (x,y,z),网格大小是 $5 \times 5 \times 5 (\mathrm{m}^3)$,所以模拟区域大小为 $800 \times 800 \times 800 (\mathrm{m}^3)$ (x,y,z)。水平方向采用循环边界条件。底部中央设置热液喷口,为 $15 \times 15 \times 5 (\mathrm{m}^3)$ 的长方体形状。在热液喷口表面设置恒定的热通量。根据 Jiang 和 Breier(2014)得出的羽流最大上升

114

高度比例,热液喷口的热通量为 2K·m/s。为确保湍流充分发展,平均流量达到稳定状态,模拟时间为 120h,并分析每次模拟运行最后 24h 的数据。时间步长为 18s,数据每 10 分钟输出一次,用于后处理。

输出文件中在控制情况的最后 24h 内在 $y=400$m 和 $x=400$m 时的平均速度(m/s)和潜在温度(℃)的垂直剖面如图 5.17 所示。

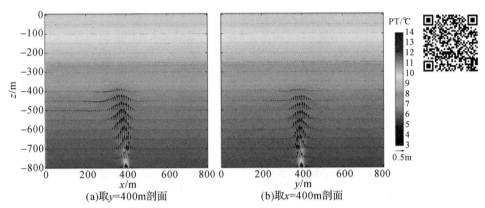

图 5.17　垂直速度剖面和位温剖面

图 5.17 中的变量是 PALM 支持输出的众多变量之一,你可以根据自己的研究方向,在输出文件中添加自己感兴趣的变量加以研究。

本节算例所展示内容已发表于 *Ocean Modelling*,具体内容可参见高晓倩(2019)"Convective instability-induced mixing and its parameterization using large eddy simulation"。

5.8　海底地形引起的垂向混合

为了探究人工鱼礁的排布对垂向混合的影响,模拟鱼礁的排布对水体交换的改变,从另一种角度解释垂向输送的影响结果。使用人工鱼礁最为常见的箱体形来模拟,箱体结构是完全密封、不可透过的。在空间直角坐标系中,设计三维鱼礁模型,长、宽、高(h)都为 3m,相邻鱼礁之间的固定间距设为 l。将鱼礁的高与相邻鱼礁之间的固定间距之比作为地形参数 σ,即 $\sigma=l/h$,得到的参数是无量纲的。数值区域设置为 $200\times200\times80$(m^3)(x,y,z),网格大小是 $0.5\times0.5\times0.25$(m^3),纬度设置为北纬 $30°$,计算时间为 28800s(即 8 小时),海表温度为 288.15K,盐度为 28psu,数值区域无盐度梯度和温度梯度。x 方向的背景流为 0.6m/s,y 方向的背景流为 0m/s,x 方向是非循环边界,y 方向是循环边界,粗糙长度为 0.05。

将输出文件中的速度分量 u、v、w 提取出来,在 $y=50$ 处绘制速度等值线图,如图 5.18 所示。

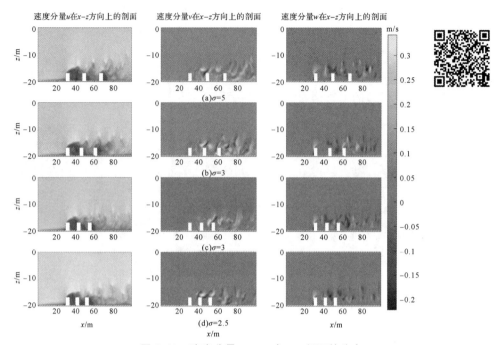

图 5.18 速度分量 u、v、w 在 x-z 剖面的分布

注:各图中横、纵坐标分别表示水平 x 方向距离和水深。

图 5.18 中的变量是 PALM 支持输出的众多变量之一,你可以根据自己的研究方向,在输出文件中添加自己感兴趣的变量加以研究。

本节算例所展示内容目前已向《海洋与湖沼》投稿。

上述案例 p3d 文件如下:

```
&initialization_parameters
!-- grid parameters
    nx=200, !Number of gridboxes in x-direction(nx+1)
    ny=200, !Number of gridboxes in y-direction(ny+1)
    nz=80, !Number of gridboxes in z-direction(nz)
    dx=0.5, !Size of single gridbox in x-direction
    dy=0.5, !Size of single gridbox in y-direction
    dz=0.25, !Size of single gridbox in z-direction
!-- topography
    topography= 'read_from_file', !use input file
    psolver= 'multigrid', !set pressure solver!
!-- numerics
    fft_method= 'temperton-algorithm', !build-in fft method
```

```
    momentum_advec= 'pw-scheme',
    scalar_advec= 'pw-scheme',
!-- initialization
    initializing_actions= 'set_constant_profiles',!initial conditions
    topography= 'read_from_file',!use input file
    pt_surface=288.15,
    latitude=30.0,
    passive_scalar=.T.,
    s_surface=58.56e-6,
    s_vertical_gradient=276.9e-6,-300.9e-6,
    s_vertical_gradient_level=0,-10,-20
    ug_surface=0.6,!u-comp of geostrophic wind at surface
    vg_surface=0.0,!v-comp of geostrophic wind at surface
    ug_vertical_gradient=0.4,0.2
    ug_vertical_gradient_level=0,-10,-20
    use_top_fluxes=.T.,!k=nz,sea-surface
    use_surface_fluxes=.F.,!k=1,bottom boundary
    constant_flux_layer=.T.,
    top_momentumflux_u=0.0,!the speed of wind 0m/s
    top_momentumflux_v=0.0,


!-- boundary conditions
    bc_lr= 'dirichlet/radiation',!non-cyclic
    roughness_length=0.05,
/! end of initialization parameter namelist
!-- RUNTIME PARAMETER NAMELIST
&runtime_parameters
!-- run steering
    end_time=28800.0,!simulation time of the 3D model
    create_disturbances=.TRUE.,!randomly perturbate horiz. velocity
    disturbance_amplitude=0.25e-3,!maximum perturbation amplitude
!-- data output
    netcdf_data_format=2,!output in NetCDF3 64bit offset format
    dt_run_control=0.0,!  output interval for run control
    dt_dots=100000.0,
    dt_dopr=36.0,
```

```
dt_data_output=720.0,
averaging_interval_pr=10.0,
dt_averaging_input_pr=10.0,
data_output='u','v','w','e','theta','s','sa',
data_output_pr='s','s*2','ws','w*s*','w"s"','sa','e','e*',
                '#theta','prho','u','v','w','km',
                'kh','l','u*2','v*2','w*2','theta*2','w*3',
                'wu','w*u*','w"u"','wv',
                'w*v*','w"v"','w*e*','w*p*','w*u*u*dz',
                'w*p*dz','w"edz',
&ocean_parameters!
!-- set parameters
bc_sa_t='neumann',
top_salinityflux=0.0,
wave_breaking=.FALSE.,
salinity=.TRUE.,
surface_cooling_spinup_time=900.0,
sa_surface=28,
stokes_waveheight=0.0,!1 metres, See 2006 Noh paper Eq. 2
stokes_wavelength=0.0,/!40 metre, See 2006 Noh paper Eq. 2
```

5.9 温跃层深度影响 Langmuir 环流

本节算例旨在研究不同速度模式风下,海表面形成 Langmuir 环流之条纹间距。模式设置中研究区域为 $120×120×100(\mathrm{m^3})(x,y,z)$,分辨率为 1m,故其网格数为 $120×120×100(x,y,z)$,上边界采用钢盖近似,下边界为平底海洋,水平方向上采用循环边界条件。海洋温度设置区间为 $278.15\sim292.15K$,盐度区间为 $31\sim34psu$,纬度设置为 $45°$,不考虑海洋分层和海洋背景流。风速取值范围为从 3m/s 到 40m/s,图 5.19 显示取风速为 10m/s 时海表面流速,红色的线为形成 Langmuir 环流条纹中心线。

条纹间距与混合层深度有着较强的正相关关系,故可得到其经验公式,可与全球实际结果(Argo 数据集,参见网址 http://www.argo.org.cn/index.php? m=content&c=index&a=lists&catid=27)比对。图 5.20 表示不同风速下平均条纹间距和温跃层深度之间的关系,图 5.21 将拟合公式与全球海洋数据进行对比。

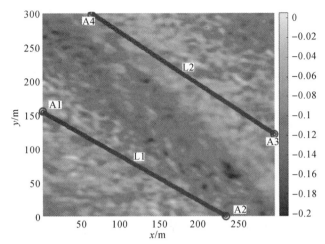

图 5.19　风速 10m/s 时海表面 Langmuir 环流条纹分布

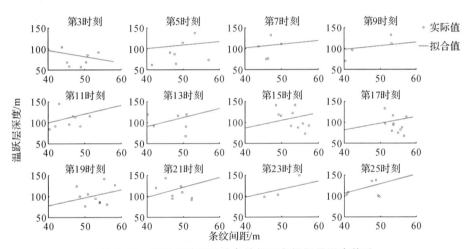

图 5.20　不同风速下平均条纹间距和温跃层深度关系

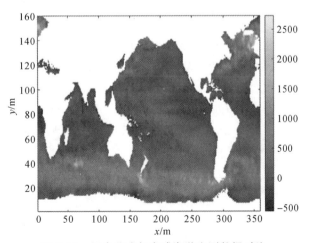

图 5.21　拟合公式与全球海洋实测数据对比

5.10　波浪破碎影响的湍流动能收支边界再分配

为了研究海底波状底纹上湍流动能收支的分布情况,利用大涡模拟来讨论波状底纹对速度的空间分布和 TKE 收支再分布的影响。数值区域设置为 $10 \times 10 \times 10$ (m^3) (x, y, z),网格大小是 $0.1 \times 0.1 \times 0.1 (\text{m}^3)$。当 $-5\text{m} \leqslant z \leqslant 0\text{m}$ 时,海水的温度梯度为 0;当 $-10\text{m} \leqslant z \leqslant -5\text{m}$ 时,海水的温度梯度为 $1.5\text{K}/100\text{m}$。海表盐度为 32.0psu,当 $-5\text{m} \leqslant z \leqslant 0\text{m}$ 时,海水的盐度梯度为 0,当 $-10\text{m} \leqslant z \leqslant -5\text{m}$ 时,海水的盐度梯度为 $1.5\text{psu}/100\text{m}$。$x$ 方向的背景流为 1m/s,y 方向的背景流为 0m/s。忽略了科氏力的影响,粗糙长度为 0.1m。

将输出文件中的数据提取出来,绘制模型初始化 1800s、3600s、5400s 和 7200s 后高地形的 TKE 收支图,如图 5.22 所示。

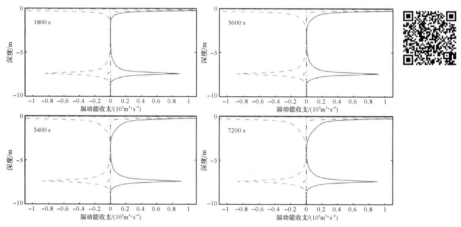

图 5.22　高地形模型 TKE 收支深度剖面

注:蓝色实线为剪切项,紫色虚线为耗散项,黑色虚线为传输项,红色虚线为浮力和压力项。

图 5.22 中的变量是 PALM 支持输出的众多变量之一,你可以根据自己的研究方向,在输出文件中添加自己感兴趣的变量加以研究。

本节算例所展示内容已发表于 *Journal of Oceanology and Limnology*,具体内容可参见陆宗泽(2018)"Large-eddy simulation of the influence of a wavy lower boundary on the turbulence kinetic energy budget redistribution"。

附　　录

附表　常见参数说明

符号	单位/数值	说明
$u_i(u_1=u,u_2=v,u_3=w)$	m·s^{-1}	速度分量
t	s	时间
$x_i(x_1=x,x_2=y,x_3=z)$	m	笛卡尔网格坐标
ε		奇维塔符号
f	s^{-1}	科里奥利参数
ρ_0	kg·m^{-3}	表面干空气密度
π^*	hPa	修正的扰动压强
g	m·s^{-2}	重力加速度
θ_v	K	虚拟潜在温度/位势温度
δ		克罗内克函数
e	m^2·s^{-2}	次网格湍流动能
θ	K	潜在温度
L_v	J·kg^{-1}	汽化潜热
c_p	J·kg^{-1}·K^{-1}	恒压下的干空气热容量
Π		Exner 函数
Ψ_{q_v}	kg·m^{-3}·s^{-1}	q_v 的源/汇项
q_v	kg·m^{-3}	特定湿度/比湿
s	kg·m^{-3}	被动标量/标量
Ψ_s	kg·m^{-3}·s^{-1}	s 的源/汇项
p	hPa	液体静压强
R_v	J·kg^{-1}·K^{-1}	水蒸气的比气体常数
R_d	J·kg^{-1}·K^{-1}	干空气的比气体常数

续　表

符号	单位/数值	说明
θ_v	K	虚拟潜在温度/位势温度
q_l	$kg \cdot m^{-3}$	液态水比湿度
K_h	$m^{-2} \cdot s^{-1}$	涡漩热扩散率
K_m	$m^{-2} \cdot s^{-1}$	涡漩动量扩散率
c_m	0.1	SGS 模型常数
Δ	m	标示网格间距/网格间距
$\Delta_x , \Delta_y , \Delta_z$	m	x、y、z 方向的网格间距
Δt	s	LES 模型的时间步长
ε	$m^{-2} \cdot s^{-3}$	SGS-TKE 耗散率
C_{relax}	m^{-1}	层流流入的松弛系数
D	m	层流流入的松弛区长度
d	m	与流入口的距离
F_{inflow}	m^{-1}	层流流入的阻尼系数
L	m	奥布霍夫长度
l	m	SGS 混合长度
l_{Bl}	m	自由大气中的混合长度
p^*	hPa	扰动压强
Q_θ	$K \cdot m \cdot s^{-1}$	向上垂直运动热通量
q	$kg \cdot m^{-3}$	总水含量
q_*	$kg \cdot m^{-3}$	最大湿度标度
R_i		梯度型查里逊数
U_{ui}	$m \cdot s^{-1}$	出口速度指数分量的输送速度
$u_{i,LS}$	$m \cdot s^{-1}$	大尺度平流速度分量
u_*	$m \cdot s^{-1}$	摩擦速率
x_{inlet}	m	入口的位置
$x_{recycle}$	m	回收平面距离入口的距离
z_0	m	动量粗糙度
$z_{0,h}$	m	热粗糙度

符号	单位/数值	说明
z_{MO}	m	恒定通量层的高度
α		x 方向与风向的夹角
θ_{inflow}	K	潜在温度的层流流入剖面/层流流入剖面
θ_*	K	最高温度范围
τ_{LS}	s	轻推的松弛时间量程
Φ_h		热相似函数
Φ_m		动量相似函数
φ		可预测的变量
φ_{LS}		的最大值/大尺度值
$c_{p,1}$	$J \cdot kg^{-1} \cdot K^{-1}$	恒压下水的热容量
Sa	psu	盐度
ρ_θ	$kg \cdot m^{-1}$	潜在密度
Ψ_{Sa}	$psu \cdot s^{-1}$	Sa 的源/汇项

2019PALM 年会暨浙江大学海洋并行大涡模拟国际研习班掠影

　　2019 年 9 月 16 日至 20 日,第五届浙江大学研究生国际暑期学校"海洋并行大涡模拟国际研习班"在海洋学院举办。来自菲律宾、韩国、芬兰、德国等国高校的 30 余名师生,进行了为期五天的大涡模拟理论及数值实践的研习。

　　本届研习班由浙江大学海洋学院物理海洋与遥感研究所李爽副教授牵头组织,与德国汉诺威莱布尼兹大学 Siegfried Raasch 教授课题组合作开展。

　　研习班课程为期五天,上午专业理论授课,从大涡模拟入门介绍到专题讲解,由浅入深、循序渐进,让学员系统掌握大涡模拟基础知识。下午进行上机实践,通过具体算例,手把手教学员如何通过代码实现大涡模拟及其应用。

参考文献

[1] Arakawa A, Lamb V R. Computational design of the basic dynamical processes of the UCLA general circulation model. Methods in Computational Physics: Advances in Research and Applications, 1977, 17:173–265.

[2] Briscolini M, Santangelo P. Development of the mask method for incompressible unsteady flows. Journal of Computational Physics, 1989, 84 (1):57–75.

[3] Canuto V M, Howard A, Cheng Y, et al. Ocean turbulence. Part I: One-point closure model-momentum and heat vertical diffusivities. Journal of Physical Oceanography, 2001, 31:1413–1426.

[4] Canuto V M, Howard A, Cheng Y, et al. Ocean turbulence. Part II: Vertical diffusivities of momentum, heat, salt, mass, and passive scalars. Journal of Physical Oceanography, 2002, 32(1):240–264.

[5] Cheng Y, Canuto V M, Howard AM. An improved model for the turbulent PBL. Journal of Atmospheric Sciences, 2001, 59(9):1550–1565.

[6] Chrobok G, Raasch S, Etling D. A comparison of local and non-local turbulence closure methods for the case of a cold air outbreak. Boundary-Layer Meteorology, 1992, 58(1-2):69–90.

[7] Davies H C. A lateral boundary formulation for multi-level prediction models. Quarterly Journal of the Royal Meteorological Society, 1976, 102(432):405 –418.

[8] Deardorff J W. Stratocumulus-capped mixed layers derived from a three-dimensional model. Boundary-Layer Meteorology, 1980, 18(4):495–527.

[9] Deardorff J W. The use of subgrid transport equations in a three-dimensional model of atmospheric turbulence. Journal Fluids Engineering, 1973, 95 (3):429.

[10] Denbo D W, Skyllingstad E D. An Ocean Large-eddy Simulation Model with Application to Deep Convection in the Greenland Sea. Journal of Geophysical Research Oceans, 1996, 101(C1):1095–1110.

[11] Esau I. Indirect Air-sea Interactions Simulated with a Coupled Turbulence-Resolving model. Ocean Dynamics, 2014, 64(5):689–705.

[12] Frigo M, Johnson S G. FFTW: An Adaptive Software Architecture for the FFT. Acoustics, Speech, and Signal Processing, 1988, 3:1981-1384.

[13] Hackbusch W. Multigrid convergence for a singular perturbation problem. linear algebra and its applications, 1984, 58(none):125-145.

[14] Harlow F H, Welch J E. Numerical calculation of time-dependent viscus incompressible flow of fluid with free surface. Physics of Fluids, 1965, 8 (12):2182.

[15] Heus T, Heerwaarden C C, Jonker H, et al. Formulation of the Dutch atmospheric Large-Eddy Simulation (DALES) and overview of its applications. Geoscientific Model Development, 2010, 3(2):415-444.

[16] Jackett D R , Mcdougall T J , Feistel R , et al. Algorithms for density, potential temperature, conservative temperature, and the freezing temperature of seawater. Journal of Atmospheric and Oceanic Technology, 2006, 23(12):1709-1728.

[17] Jones H, Marshall J. Convection with rotation in a neutral ocean: A study of open-ocean deep convection. Journal of Physical Dceanography, 1993, 23(6): 1009-1039.

[18] Kantha L H, Clayson C A. An improved mixed layer model for geophysical applications. Journal of Geophysical Research Oceans, 1994, 99(C12):25235-25266.

[19] Kataoka H, Mizuno M. Numerical flow computation around aeroelastic 3D square cylinder using inflow turbulence. Wind and Struct, 2002, 5(234):379-392.

[20] Klemp J B, Lilly D K. Numerical simulation of hydrostatic mountain waves. Journal of the Atmospheric Sciences, 1978,35(1):78-107.

[21] Large W G, Gent P R. Validation of vertical mixing in an equatorial ocean model using large eddy simulations and observations. Journal of Physical Oceanography, 2010, 29(3):449-464.

[22] Launder B E, Reece G J, Rodi W. Progress in the development of a reynolds stress turbulence closure. Journal of Fluid Mechanics, 1975, 68(3):537-566.

[23] Lund T S, Wu X, Squires K D. Generation of turbulent inflow data for spatially-developing boundary layer simulations. Journal of Computational Physics, 1998, 140(2):233-258.

[24] Mcwilliams J C, Sullivan P P, Moeng C H. Langmuir turbulence in the ocean. Journal of Fluid Mechanics, 2000, 334:1-30.

[25] Mellor G L, Yamada T. A hierarchy of turbulence closure models for

planetary boundary layers. Journal of Atmospheric Sciences, 1974, 31(7): 1791-1806.

[26] Miller M J, Thorpe A J. Radiation conditions for the lateral boundaries of limited-area numerical models. Quarterly Journal of the Royal Meteorological Society, 1981, 107(453):615-628.

[27] Moeng C H, Wyngaard J C. Spectral analysis of large-eddy simulations of the convective boundary layer. Journal of Atmospheric Sciences, 1988, 45 (23):3573-3587.

[28] Neggers R A J, Siebesma A P, Heus T. Continuous single-column model evaluation at a permanent meteorological supersite. Bulletin of the American Meteorological Society, 2012, 93(9):1389-1400.

[29] Noh Y, Hong S M, Raasch S. Large eddy simulation of the ocean mixed layer: the effects of wave breaking and langmuir circulation. Journal of Physical Oceanography, 2004, 34(4):720-735.

[30] Noh Y, Min H S, Raasch S. Large eddy simulation of the ocean mixed layer: The effects of wave breaking and langmuir circulation. Journal of Physical Oceanography, 2009, 34(4):720-735.

[31] Orlanski I. A simple boundary condition for unbounded hyperbolic flows. Journal of Computational Physics, 1976, 21(3):251-269.

[32] Orszag S A, Patterson G S. Numerical simulation of three-dimensional homogeneous isotropic turbulence. Physical Review Letters, 1972, 28(2):76 -79.

[33] Panofsky H A, Dutton J A. Profiles and Fluxes in the Surface Layers// Atmospheric Turbulence. Wiley,1984.

[34] Park S B, Baik J J. A large-eddy simulation study of thermal effects on turbulence coherent structures in and above a building array. Journal of Applied Meteorology and Climatology, 2013, 52(6):1348-1365.

[35] Patrinos A, Kistler A L. A numerical study of the Chicago lake breeze. boundary-layer meteorology, 1977, 12(1):93-123.

[36] Piacsek S A, Williams G P. Conservation properties of convection difference schemes. Journal of Computational Physics, 1970, 6(3):392-405.

[37] Prandtl L. A report on testing for built-up turbulence. ZAMM-Journal of Applied Mathematics and Mechanics, 1925(5):136-139.

[38] Raasch S, Sch M. PALM-A Large-eddy simulation model performing on massively parallel computers. Meteorologische Zeitschrift, 2001, 10(5):363 -372.

[39] Saiki E M，Moeng C H，Sullivan P P. Large-eddy simulation of the stably stratified planetary boundary layer. Boundary-Layer Meteorology，2000，95(1):1-30.

[40] Schumann U，Sweet R A . Fast fourier transforms for direct solution of poisson's equation with staggered boundary conditions. Journal of Computational Physics，1988，75(1):123-137.

[41] Shih L H，Koseff J R，Ferziger J H，et al. Scaling and parameterization of stratified homogeneous turbulent shear flow. Journal of Fluid Mechanics，2000，412: 1-20.

[42] Singleton，R. An algorithm for computing the mixed radix fast fourier transform. IEEE transactions on audio and electroacoustics，1969，17(2):93-103.

[43] Skyllingstad E D，Denbo D W. An ocean large-eddy simulation of langmuir circulations and convection in the surface mixed layer. Journal of Geophysical Research Oceans，1995，100(C5):8501-8522.

[44] Smyth W D，Moum J N，Caldwell D R. The efficiency of mixing in turbulent patches: Inferences from direct simulations and microstructure observations. Journal of physical oceanography，2001，31(8):1969-1992.

[45] Steinhorn I. Salt flux and evaporation. Journal of Physical Oceanography，1991，21(11):1681-1683.

[46] Stull R B. Boundary Layer Clouds. Springer Netherlands，1988.

[47] Temperton C A. Generalized prime factor FFT algorithm for any N = 2P3Q5R. SIAM Journal on Scientific and Statistical Computing，1992，13(3): 676-686.

[48] Umlauf L，Burchard H. A generic length-scale equation for geophysical turbulence models. Journal of Marine Research，2003，61(2):235-265.

[49] Wang D，McWilliams J C，Large W G. Large-eddy simulation of the diurnal cycle of deep equatorial turbulence. Journal of Physical Oceanography，1998，28(1):29-148.

[50] Wicker L J，Skamarock W C. Time-splitting methods for elastic models using forward time schemes. Monthly Weather Review，2002，130(8):2088-2097.

[51] Williamson J H. Low-storage Runge-Kutta schemes. Journal of Computational Physics，1980，35(1):48-56.

后 记

我接触湍流大涡模拟这个模式是 2008 年在美国马里兰大学作为联合培养博士学习期间。李明老师的许多科学思想至今仍被我延续着,比如我课堂上一个重要的环节是故事会——"好好讲故事,讲好一个故事",这正是他教会我的众多技能之一。印象很深的是,当时课题组除了我以外几乎所有人都在学习雷诺平均模型。幸运的是我得到了众多师弟、师妹和同学的细心帮助,特别是我一个师妹竟然帮我做了模式的自动运行脚本(就像你们在本书里看到的 p3d 文件一样),这对我当时使用的一堆 f 文件的零散代码而言可是升维一样的帮助。那段时光是简单、充实而快乐的。2010 年毕业后我在中科院海洋所做了两年助研,那段期间又与做 ROMS 的同事合作发表了两篇论文。我至今都觉得,能有一个好的搭档真的非常重要,团队的力量永远大于个人。2012 年底我加入浙江大学,2013 年晋升为副教授,同年成为博导。当我开始自己带研究生时,我和学生相差不过 10 岁,直到现在我都被称呼为爽姐,而我也一直为了能成为一名合格的导师被倒逼成长。现在我已经是一个孩子的妈妈,我发现,最好的教育不过是努力做到你要求孩子做到的事情。也由于工作兼兴趣的引导,我选择了一个文科的教育学,作为与大家共同进步的方向。比如我要求我的学生写文献综述,我就自己先去找高等教育类的文章。我要求他们学习科研方法,我就去了解文科如何做研究。因为我坚信,以我的年龄和我的学科跨度,我能一直与学生共情,深刻了解他们会遇到的困难。我第一次读 *Padegogy* 时和他们第一次读 *Journal of Physical Oceanography* 的感觉应该是一样的吧。9 年一晃而过,我在教育学方面完成了十多项教学研究,发表了论文和译著。最关键的是,我在这个学习过程中建立了作为一个合格教师、合格导师的自信。这些都是我在自我教育中的收获,是陪伴学生成长的理念下的自我收获。这 9 年来课题组学生们的工作也做得越来越好。这本专著也是他们成长的一个见证。

本书里的大涡模拟是我 2015 年到德国莱布尼兹大学访问期间学习的。湍流大涡模拟在海洋数值模拟发展中一直属于小众类的工具。刚回国时我发现海洋领域做大涡模拟的人不多。直到现在相比于雷诺平均类模型的学习者,使用该模式的人也还是少数。我在 2008 年所学习的模式是袭承 Skyllingstad 研发的模式,一是非并行,二是非公开。这让我在后续指导学生做科研时受限很多。于是 2015 年我访问了德国 PALM组,系统地学习了并行大涡。幸运的是,我访问期间正值他们组的办公室改造。大多数人都在一个办公室办公。现在回忆起来也是兴奋不已,这使我遇到问题时都可以得到及时的帮助,并且是全组之力的帮助。这种沉浸式的专家型学习,让我迅速学会了并行运算,几乎所有的算例我都执行了一遍,包括海气耦合模式。这在当时还是研究海气相互作用非常新的方法。唯一遗憾的是,粒子追踪的例子没有跑通,我们组至今还在继续研究着。2019 年我拿到了人生第一个国家自然科学面上基金,终于可以如约请德国的 PALM 团队回访。这本书里的很多基础内容来自当时 PALM 团队来访时国际夏令营的培训资料。本书编委会的大多数成员都参加了这次培训。下面从最辛苦的陆宗泽开始,请他们亲自为你介绍与 PALM 的缘分。

——李 爽

我的研究生生涯已经过去将近 3 年了,那段时间里我对问题的思考,以及对一次次解决问题的不放弃的精神,将会影响我一生。那是一段对人类在小尺度海洋领域的未知的探索,尽管很遗憾未能前进,但对未知领域的好奇足以令更多的人向边界外的世界去摸索。

很幸运,我是第一批进入浙江大学舟山校区的人,也是第一批进入 108 办公室的人。刚去的时候,我感觉舟山的天空好蓝,学校的免费网络好快,下载什么都只需几秒,仿佛整个校园都是你的。当然,也有很不舒服的地方,一开始,浙大公交站是没有的,学校周围比较荒凉,嗯,就是字面上的"荒凉",办公室的小伙伴每隔一到两个星期坐公交车去超市买吃的,顺便聚餐、看电影,对此我们都戏称为"进城"。后来一切开始慢慢好转,公交站有了,旁边也有了小超市、快餐店,师弟、师妹们也陆陆续续来到了校园。我们还在 108 办公室配置了一台冰箱,这绝对是一个天才的行动,再也没有什么比冰箱和小煮锅更能提升幸福感了。

108 办公室也是我开始接触 PALM 的地方。一开始,学习 PALM 是一个很令人头疼的事。关于 PALM,有一本很厚的官方的(就是德国 PALM 组撰写的)英文文档,尽管那本文档被我翻烂了,但我还是没有全部理解。它用的是 open SUSE 系统,这在国内相对比较少见,而且 open SUSE 系统居然认电脑,在不同电脑上的安装会有些许不同,这一点我也是在踩了很多次"坑"之后才发现的。现在,有了这本中文书,学习者在起步阶段会相对轻松很多,会有个愉快的开始。

有了 PALM 之后,你将面对的是世纪难题——湍流。但遇到难题不要放弃,遇到偶尔的挫折不用灰心,毕竟书本里、文献里的专家也没有解决这些难题,而留给了我们。你要有的是想象力、创造力,从不同角度看待问题,而不要仅仅局限于模式,要立足于数据,不要盲从。

最后,我还是想感谢一些人,我觉得他们有必要被记录在这本书里。没有爽姐,也许我不会接触海洋小尺度,这绝对是一个令人着迷的科学问题。还要感谢"宝爷"和三位师姐在解题方面给予我的无私帮助。还有在美国豪气请客的袁老师。然后就是 108 的小伙伴,姜浩、川琪、家成,没错,就是我们一起进城,一起看电影的。还有一大群可爱的人——可爱的仇颖、可爱的德华等师弟师妹们。给你们最真挚的祝福:论文都能过,毕业无压力,顺便有攻克难题的运气。加油!

——陆宗泽

转眼已经毕业两年了,回想课题组的学习研究时光依旧历历在目。虽然现在从事的工作跟海洋并不相关,但是当初学习的那段经历带给我的解决问题的思路、能力、韧性，是我终身受益的宝贵财富。我们课题组研究的方向是大涡模拟，在国内研究这个方向的人并不多，所使用的模型也是一个当时国内较少人使用过的 PALM 模型。在网站上下载、安装软件及使用软件的过程中，一路走来踩了不少"坑"，时常会纠结于一些系统的说明和指标的含义，也经常因此拖了科研进度的后腿。当时我就觉得，如果有详尽地介绍这个模型的使用方法的书作参考，一定能大大提高研究工作的效率。现在在课题组的共同努力下，这本书终于要出版了。相信这本书一定能够为后来的 PALM 使用者或者致力于研究大涡模拟方向的学者提供有效的帮助。

——仇　颖

　　不知不觉已经毕业一年，难忘的研究生时光还时常在脑海中涌现，感谢爽姐给予我们令人快乐幸福的学习成长环境。第一次接触 PALM，还是在本科的时候，当时我提前到课题组做毕业设计。对于完全没有 Fortran 和 Linux 基础的我来说这简直是个非常大的挑战，还好师兄师姐非常耐心地给我讲解，我也总结出了一套方法。当时我还让师兄录了份指导视频，师姐翻译了使用手册，就这样 PALM 初版教程在我们组里传承了下来，后面师弟师妹们过来都上手很快。目前我在埃及工作，其实也得益于研究生期间国际视野的开阔。由于当时国内湍流大涡模拟研究较少，经常得读英文文献，向 PALM 论坛求助，去参加国际学术会议，而且对外交流的机会特别多，我们还策划组织了一次 PALM 学习研讨会，邀请了世界各地的学生一起交流，在课题组里能力提升非常快。非常兴奋，PALM 中文版的书终于就要出版了。它与其说是一本技术指南，不如说是我们课题组传承的一份见证，沉淀着我们太多摸索、试错、创新的过程，以及大家美好的科研学习生活记忆。

——阳德华

　　2021 年毕业的我距离接触 PALM 已经三年了，从初识 PALM 的晦涩难懂到如今能够熟练使用它，中间的痛苦、失望、快乐、喜悦的每个瞬间我都记忆犹新。还记得 2018 年 5 月在阳德华师兄的指导下，第一次接触 PALM，那个时候我对于模式、Linux、集群一窍不通，所谓的 PALM 算例于我而言更是如同天书一般。那段时间很艰难，但也是我快速吸收知识的一段时间，所幸在仇颖师姐和阳德华师兄的指导下，我也慢慢会用 PALM 跑算例了。还记得第一次跑出算例，用 Matlab 画出结果的时候，我的喜悦之情难以言喻。

　　PALM 的安装是我熟练使用 Linux 的契机，好在师兄师姐放心让我"折腾"集群。那时候为了在集群上安装 PALM，我硬是熬了几个通宵。成功安装 PALM 离不开郁诚成师兄的帮助。

　　2019 年我的导师李爽老师说要邀请德国 PALM 的开发组来学校开讲习班。那年夏天，从筹备到接待再到圆满完成讲习班我都参与其中。在这期间，我和郁诚成师兄、阳德华师兄、谢培妍、王者也师弟一起努力，克服语言的障碍，一起和德国教授以及全球各地学者交流 PALM。十分感谢李爽老师的大力支持，这次讲习班使得我对于 PALM 的理解更加深刻。

这本书的撰写我也一直参与其中,感谢李爽老师提出这么棒的想法,在写书的过程中提出的各种创造性的想法也使我们受益匪浅。感谢阳德华师兄、王者也师弟、叶灿师妹和成泽毅师弟的参与,你们是完成这本书的重要力量。我相信这本书能够对初学 PALM 的人有重大的帮助。

从初学 PALM 到举办 PALM 讲习班再到出版 PALM 书,这一切离不开我的导师李爽老师的大力支持,不管是在科研还是日常生活中,李爽老师都给予我最大的自由以及支持。最后也要感谢各位师兄、师姐、师弟和师妹,祝愿大家在工作、科研和生活中一切顺利,身体健康!

——孙丹译

依稀记得当初第一次见爽姐的时候,她扑面而来的饱满的精神状态,深深地感染了我,爽姐给我的第一印象便是"斗志昂扬"。随即展开了我的研究生科研工作规划,爽姐带我认识了 108 办公室里一群可爱的师兄师姐。当时,我在研究生生涯中第一次也是目前为止唯——次见到仇颖师姐和安静却不失活泼的丹译师兄。丹译师兄还给了我一摞书,让我在暑假期间好好地熟悉物理海洋的知识以及 Fortran 语言。2018 年我也成了课题组的一位"老人",也有了自己的师弟师妹,希望自己的师弟师妹在海洋上层混合领域有所建树。

2019 年 7 月,我提前入校开展科研工作。起初,爽姐让我阅读大量的英文文献,并让我向一些科研专家汇报。这使得我有一个很好的机会去认识这些科研专家并与其交流。研一上学期,爽姐推荐了几个会议让我去参加。一开始我觉得参加会议不仅学不到知识,还浪费时间。但是,随着参加会议次数的增加,我才理解爽姐真正的用意。参加会议的目的在于了解海洋领域的前沿方向,以及在大家的讨论中获得科研灵感。2019 年 9 月的 PALM 授课会议给了我一次很好的机会去学习 PALM 大涡模拟模型的模型建构以及模型案例的使用。通过这次会议,我认识了很多志同道合的小伙伴。PALM 是一个很好用的大涡模拟模型,用途很广,涉及大气与海洋,同时还可以进行海气相互作用的研究。PLAM 的特点就是操作简单,容易上手,适合新人;同时也支持研究一些复杂流体动力环境。

爽姐不仅是我的科研工作的导师,更是人生道路的导师。她在科研之余培养我们的逻辑推理能力、团队协作能力,教我们使用各种工具。我很爱我们的课题组大家庭,希望这份温馨、自由、阳光能够延续下去。

——王者也

回忆过去,是一件很有意思的事情,这并不是说当时发生的事情会让人有多高兴,相反,它可能会让人有些害怕,逃避的情绪在你即将要做的事里面,但你还是勇往直前地去做了。可能当时你会有不好的情绪,但时间久了,你会感谢当时的自己,也感谢当时逼自己一把的人。

　　2018年9月，叶灿和我一起进入课题组，她是一个爱笑的姑娘，之后我们见到了有些帅气的者也师兄，最后我们见到了爽姐。爽姐给我的第一印象是，这是一个舌灿莲花、刚柔并济的人。她要求我们，不仅仅要在科研上一丝不苟，在生活上也要有像对待学术一样认真的心。我很高兴她这么说，这是我心中认为的一个合格老师应该做的事，她也确实这么做了。那阵子，我和叶灿不仅有科研上的事，还有一些教学上辅助老师的工作。当时的事情多而杂，常常把我们弄得焦头烂额。然而现在想想，这是一次难忘的经历，过程虽然痛苦，但是成效势必在工作生活中有所体现。记忆接连地涌现，第一次师兄带我们参观学校，第一次课题组聚餐，第一次上台演讲做小报告，这些都历历在目。

　　我是一个喜欢看书的人，对于写作，则不喜欢，但也不讨厌，所以就写到这里吧。以此纪念我第一年的研究生生活。

——成泽毅

　　不知不觉，来到海洋学院、来到舟山已经将近一年了，我的研究生生涯也逐渐步入正轨。现在还记得刚被录取的时候，刚进入我们"Lisa粉丝群"的时候，师兄师姐们超热情的场景；记得刚来到舟山的时候，者也师兄殷切地招呼来招呼去……一开始，就是者也师兄教会我用PALM的。刚开始跑模式的时候，经常出错，一行行的代码好难看懂，而只有全英文的网站可以求助。当时我们的PALM书稿已经开始在筹备了，两位师兄带着我们一步步做下来，边学边做，真的收获了很多。爽姐就说："你就把自己当作一个PALM初学者，想象会面临的问题，把这些问题都放进书里，然后一一解答，这也是我们的目的——帮助PALM初学者快速学会使用。"我也是按照爽姐的话一直这么做的。现在到了收获成果的时候，希望这本书可以帮助以后的师弟师妹们。

——叶　灿

　　时光荏苒，转眼间自己将度过大学的第三个学年，不知不觉中，自己已来到实验室近一年。回顾过去这一年，我的生活无疑是充实的：组会时有老师的谆谆教诲，遇上困难时有师兄师姐们醍醐灌顶的点拨，课余有与身边的同学的讨论。这些片段虽细碎，却鼓励着我在学习和科研的路上一步步前行。尽管自己作为一个本科生，仅仅只是看到物理海洋这一科学领域的冰山一角，但这段时间师兄师姐们对科学问题孜孜不倦的态度、老师严谨治学的作风，在今后的日子里将激励我尽自己所能对科学做出探索。最后，我想感谢老师和师兄师姐们的指导，没有你们，我也不会有这样一段美妙的经历，也真挚地祝福各位能够心想事成！

——陈佳宁

2022年6月